Freiburger Empirische Forschung in der Mathematikdidaktik

Reihe herausgegeben von

Lars Holzäpfel, Fakultät III, Pädagogische Hochschule Freiburg, Freiburg, Deutschland

Timo Leuders, Institut für Mathematische Bildung, Pädagogische Hochschule Freiburg, Freiburg, Deutschland

Katja Maaß, Kollegiengebäude IV, Raum 310, Pädagogische Hochschule Freiburg, Freiburg, Deutschland

Gerald Wittmann, Institut für Mathematische Bildung, University of Education Freiburg, Freiburg, Deutschland

Die Freiburger Arbeitsgruppe am Institut für Mathematische Bildung (IMBF) verfolgt in ihrem Forschungsprogramm das Ziel, zur empirischen Fundierung der Mathematikdidaktik als Wissenschaft des Lernens und Lehrens von Mathematik beizutragen. In enger Vernetzung innerhalb der Disziplin und mit Bezugsdisziplinen wie der Pädagogischen Psychologie oder den Erziehungswissenschaften sowie charakterisiert durch eine integrative Forschungsmethodik sehen wir Forschung und Entwicklung stets im Zusammenhang mit der Qualifizierung von wissenschaftlichem Nachwuchs. Die vorliegende Reihe soll regelmäßig über die hierbei entstehenden Forschungsergebnisse berichten.

Roland Pilous

Die Rolle des fachlichen und fachdidaktischen Wissens beim Pädagogischen Argumentieren

Expertenstudien mit Mathematiklehrpersonen

Springer Spektrum

Roland Pilous
Pädagogische Hochschule Nordwestschweiz
Muttenz, Schweiz

Dissertation Pädagogische Hochschule Freiburg, 2023

ISSN 2193-8164 ISSN 2193-8172 (electronic)
Freiburger Empirische Forschung in der Mathematikdidaktik
ISBN 978-3-658-45621-4 ISBN 978-3-658-45622-1 (eBook)
https://doi.org/10.1007/978-3-658-45622-1

Die Deutsche Nationalbibliothek verzeichnet diese Publikation in der Deutschen Nationalbibliografie; detaillierte bibliografische Daten sind im Internet über https://portal.dnb.de abrufbar.

Planung/Lektorat: Karina Kowatsch
Springer Spektrum ist ein Imprint der eingetragenen Gesellschaft Springer Fachmedien Wiesbaden GmbH und ist ein Teil von Springer Nature.
Die Anschrift der Gesellschaft ist: Abraham-Lincoln-Str. 46, 65189 Wiesbaden, Germany

Geleitwort

Die Forschung zu Facetten des Wissens, Denkens und Handelns von Lehrkräften hat sich in den letzten Jahrzehnten enorm ausgeweitet und unser theoretisches Verständnis hierzu hat sich beträchtlich weiterentwickelt. Dies geht allerdings auch einher mit Tendenzen der Fragmentierung, also der Entwicklung von Theorien und Paradigmen, die, obwohl sie sehr ähnliche oder sogar dieselben Phänomene betrachten, sehr unterschiedliche Brillen aufsetzen und sich eher Mühe geben, sich abzugrenzen als nach Kohärenzen und Möglichkeiten der Theorievernetzung zu fragen.

In dieser Situation setzten die Arbeiten von Roland Pilous an. Er destilliert aus jeweils einflussreichen Forschungsrichtungen zum (auch fachbezogenen) „Pädagogischen Argumentieren" einerseits und zur Topologie des „Pädagogischen Wissens" (einschließlich fachdidaktischen Wissens) die zentralen Annahmen, Befunde und Forschungsstrategien heraus und betrachtet das Denken und Handeln von Lehrkräften konsequent aus beiden Perspektiven: Im Zentrum steht die Frage, welche mathematikbezogenen fachlichen und fachdidaktischen Argumente zum Gebrauch fachlicher Repräsentationen im Unterricht von Lehrkräften bei der Unterrichtsplanung verwendet werden, wie dabei verschiedene Wissensbereiche genutzt und integriert werden.

Aber die Arbeit trägt nicht nur aus theoretischer Perspektive zur Integration verschiedener Forschungsrichtungen bei. In mehreren empirischen Studien wird die Doppelperspektive auch dazu eingesetzt, ein zentrales Phänomen der Professionalität von Lehrkräften zu beleuchten: Die Nutzung verschiedener Wissensbereiche und deren Integration beim Treffen und Begründen pädagogischer Entscheidungen.

Es ist den Arbeiten von Roland Pilous zu wünschen, dass sie von der Forschung aufgegriffen und weiter geführt werden, und dass sie darüber hinaus fruchtbare Impulse auch für die Praxis der Lehrer:innenausbildung geben.

Freiburg
23.4.2024

Timo Leuders
Christian Rüede

Inhaltsverzeichnis

Abkürzungsverzeichnis

CCK	Common Content Knowledge
CK	Content Knowledge
COACTIV	Cognitive Activation in the Classroom
GHR	Grund-, Haupt- und Realschule
HCK	Horizon Content Knowledge
KCC	Knowledge of Content and Curriculum
KCS	Knowledge of Content and Students
KCT	Knowledge of Content and Teaching
MKT	Mathematical Knowledge for Teaching
PCK	Pedagogical Content Knowledge
PK	Pedagogical Knowledge
SCK	Specialized Content Knowledge
TEDS-LT	Teacher Education and Development Study – Learning to Teach
TEDS-M	Teacher Education and Development Study

1 Einleitung

Die Bedeutung des fachlichen und fachdidaktischen Wissens von Mathematiklehrpersonen wurde durch mathematikdidaktische Forschungen in den letzten Jahrzehnten vielfältig belegt. Insbesondere konnte dessen Einfluss auf die Qualität des Mathematikunterrichts, wie auch auf die Leistungen der Schüler belegt werden (Baumert et al., 2010; Campbell et al., 2014; Carpenter et al., 1988).[1] Dem zuvor und damit einher gehen vielfältige Arbeiten zur Konzeptualisierung und Messung des mathematikbezogenen fachlichen und fachdidaktischen Wissens von Lehrpersonen (Ball et al., 2008; Blömeke et al., 2010a,b; Hill et al., 2004; Krauss et al., 2008). Aus diesen Forschungen ergeben sich nicht zuletzt Konsequenzen für die Ausbildungspraxis, da vorliegende Studienergebnisse auch vor dem Hintergrund der Strukturierung von Lehramtsstudiengängen und Weiterbildungsangeboten interpretiert werden können, vgl. z.B. Leuders & Krauss (2013). Unbestritten ist zudem die praktische Bedeutung der Wissenskonzeptualisierungen als Heuristik für die Konzeption fachlicher und fachdidaktischer Lehrveranstaltungen in der Aus- und Weiterbildung von Mathematiklehrpersonen (Ruthven, 2011).

[1] In dieser Arbeit war ich bemüht, geschlechtsneutrale Formulierungen zu verwenden (zum Beispiel Lehrperson statt Lehrer, Studierende statt Studenten etc.). Dies gelang aber nicht in allen Fällen (zum Beispiel Novizen und Experten). Daher möchte ich betonen, dass stets alle Geschlechter und Identitäten gleichermaßen angesprochen werden, auch dort wo nur die maskuline Form benutzt wird. In dieser Arbeit werden nur in der Anrede feminine und maskuline Formen nebeneinander gestellt (zum Beispiel wenn die Autorinnen und Autoren einer bestimmten Publikationen angesprochen werden).

R. Pilous, *Die Rolle des fachlichen und fachdidaktischen Wissens beim Pädagogischen Argumentieren*, Freiburger Empirische Forschung in der Mathematikdidaktik, https://doi.org/10.1007/978-3-658-45622-1_1

Um jedoch erklären zu können, *wie* das fachliche und fachdidaktische Wissen von Lehrpersonen den Unterricht in der Schulpraxis beeinflusst, sind Untersuchungen der *Nutzung* dieses Wissens notwendig. Im Rahmen verschiedener Forschungsstränge werden daher Aspekte des Denkens von Lehrpersonen untersucht, welche für das Unterrichtshandeln relevant sind. Dazu gehören unter anderem „diagnostic thinking" (Leuders & Loibl, 2021; Loibl et al., 2020), „goal-oriented decision making" (Schoenfeld, 2011), „pedagogical reasoning" (Loughran, 2019; Shulman, 1987) oder „teacher noticing" (Dindyal et al., 2021). Die Untersuchung solcher Aspekte geht in der Regel mit unterschiedlichen Diskursen innerhalb der Fachdidaktiken und verwandter Disziplinen einher. Diese Arbeit schliesst sich vor allem dem englischsprachigen Diskurs zum „pedagogical reasoning" an – in dieser Arbeit wörtlich übersetzt mit Pädagogischem Argumentieren.

Sowohl der Begriff des Pädagogischen Argumentierens, wie auch die Unterscheidung des fachlichen und fachdidaktischen Wissens von Lehrpersonen gehen im englischen Sprachraum auf Shulman (1986, 1987) zurück. In neueren Forschungen hat es aber nur wenige Berührungspunkte zwischen den entsprechenden Diskursen gegeben. In dieser Arbeit soll aufgezeigt werden, dass sich beide Diskurse zusammenführen lassen, um zu einer Klärung der fachbezogenen Professionalität aus kognitiver Perspektive beizutragen.

Die Forschung zum mathematikbezogenen fachlichen und fachdidaktischen Wissen hat sich bisher vor allem auf die Konzeptualisierung, Operationalisierung und Messung des entsprechenden Wissens konzentriert. Das fachliche und fachdidaktische Wissen wird im Rahmen empirischer Untersuchungen in der Regel differentiell modelliert – d.h. als Konstrukte interindividueller Unterschiede (Renkl, 2012) – und im Rahmen von Korrelationsstudien mit weiteren Merkmalen (wie Schülerleistungen, Unterrichtsqualität oder Schulform) in Verbindung gebracht (Hill et al., 2004; Krauss et al., 2008; Blömeke et al., 2010a,b).

In der Forschung zum Pädagogischen Argumentieren geht es hingegen darum, wie Lehrpersonen ihr Wissen nutzen, um zu produktiven Unterrichtshandlungen zu kommen. Hierfür werden Argumente im Denken von Lehrpersonen rekonstruiert, welche bestimmte Unterrichtshandlungen in bestimmten Situationen plausibel machen (Kavanagh et al., 2020; Loughran et al., 2016; Loughran, 2019). Von diesen Argumenten wiederum wird angenommen, dass diese auf dem Wissen der Lehrpersonen basieren. Insbesondere geht es hierbei um fachliche und fachdidaktische Argumente für oder gegen Unterrichtshandlungen, d.h., Argumente die auf dem fachlichen und fachdidaktischen Wissen von Lehrpersonen basieren. Auf diese Weise soll zumindest teilweise plausibel gemacht werden, wie das Wissen von Lehrpersonen die Unterrichtshandlungen beeinflusst. Zusammenfassend kann in diesem Sinne von einer partiellen Vermittlerrolle des Pädagogischen Argumentierens gesprochen werden (vgl. Abbildung 1.1). Weitere Bezüge bzw. Vermittler zwischen dem Lehrpersonenwissen und dem Unterrrichtshandeln werden dabei nicht ausgeschlossen. D.h., dass Pädagogische Argumentieren beansprucht nicht die Unterrichtshandlungen vollständig zu erklären.[2]

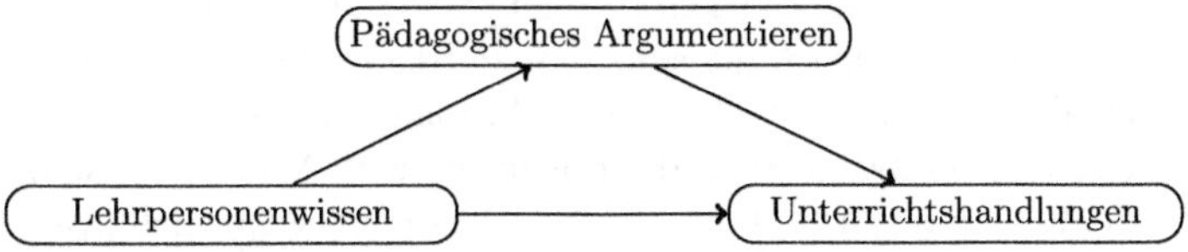

Abbildung 1.1 Vermittlerrolle des Pädagogisches Argumentierens

Die bisherige Forschung zur Wissensnutzung beim Pädagogischen Argumentieren hat sich allerdings vor allem auf subjektives und erfahrungsbasiertes Wissen von Lehrpersonen bezogen (Chant, 2002; Cornett et al., 1990). Im Gegensatz dazu geht es in den oben genannten Studien zum fachlichen und fachdidaktischen Wissen eher um professionelles bzw. institutionelles Wissen, von dem angenommen wird, dass es in einer jeweiligen fachwissenschaftlichen bzw. fachdidaktischen Community geteilt wird.

In dieser Arbeit wird in Anlehnung an Shulman (1987) angenommen, dass sich das Pädagogische Argumentieren insbesondere darauf bezieht, Repräsentationen von Fachinhalten so auszuwählen und entsprechend zu sequenzieren, dass Lernende im Unterricht möglichst produktiv damit umgehen können. Als Repräsentationen werden wie bei Shulman alle Darbietungen fachlicher Inhalte im Unterricht bezeichnet, zum Beispiel Aufgaben, Darstellungen, Erklärungen oder Fragen.[3] In dieser Arbeit ist daher genauer vom *fachbezogenen Pädagogischen Argumentieren* die Rede, wobei es um das gedankliche Abwägen von fachlichen bzw. fachdidaktischen Argumenten für oder gegen den Gebrauch entsprechender Repräsentationen (und deren zeitlicher Anordnung) im Fachunterricht geht. Insbesondere ist vom *mathematikbezogenen Pädagogischen Argumentieren* die Rede, wenn es dabei konkret um das Fach Mathematik geht.

Es wird angenommen, dass beim fachbezogenen Pädagogischen Argumentieren von Lehrpersonen insbesondere fachliches und fachdidaktisches Wissen genutzt

---

[2] Dies wird in Abbildung 1.1 mit dem zusätzlichen Pfeil vom professionellen Wissen zu den Unterrichtshandlungen angedeutet.

[3] D.h., gemeint sind sogenannte externe Repräsentationen (wahrnehmbare Darbietungen der Fachinhalte) und nicht interne Repräsentationen (mentale Wissenskonstruktionen zu Fachinhalten), vgl. Amador et al. (2022), Goldin (2020).

wird (Loughran, 2019; Shulman, 1987), d.h. dass Argumente insbesondere auf fachliches und fachdidaktisches Wissen zurückgehen und so zwischen diesem Wissen und dem Unterrichtshandeln der Lehrpersonen vermitteln. Das Pädagogische Argumentieren im obigen Sinne stellt daher zugleich einen geeigneten Rahmen dar, indem die praxisbezogene Nutzung des fachlichen und fachdidaktischen Wissens untersucht werden kann. Das Ziel dieser Arbeit ist eine Untersuchung des mathematikbezogenen Pädagogischen Argumentierens und der damit verbundenen Nutzung des mathematikbezogenen fachlichen und fachdidaktischen Wissens.

Es ist bekannt, dass angehende und gering qualifizierte Mathematiklehrpersonen (Novizen) im Gegensatz zu erfahrenen und qualifizierten Mathematiklehrpersonen (Experten) oftmals über kein hinreichend korrektes, umfangreiches und tiefgehendes fachliches und fachdidaktisches Wissen verfügen (Ball, 1990; Ball, 1991; Ma, 1999; Even & Tirosh, 1995). Es ist auch bekannt, dass es sich beim Pädagogischen Argumentieren um eine wichtige Kompetenz von erfolgreichen Lehrpersonen handelt, die von den angehenden Lehrpersonen noch erworben werden muss (Ball, 1988; Borko & Livingston, 1989; Nilsson, 2009; Peterson & Treagust, 1995; Tiilikainen et al., 2019; Zangori et al., 2013). Weitgehend offen ist aber die Frage, wie sich Novizen und Experten beim fach- bzw. mathematikbezogenen Pädagogischen Argumentieren und der damit verbundenen Nutzung des mathematikbezogenen fachlichen und fachdidaktischen Wissens unterscheiden.

In dieser Arbeit werden daher Novizen und Experten verglichen, um eine genauere Charakterisierung von Expertise beim mathematikbezogenen Pädagogischen Argumentieren zu ermöglichen. Im Zentrum steht insbesondere die Frage, welche mathematikbezogenen fachlichen und fachdidaktischen Argumente zum Gebrauch fachlicher Repräsentationen im Unterricht rekonstruiert werden können und wie sich Novizen und Experten in dieser Hinsicht unterscheiden. Die Beantwortung dieser Frage stellt einen wichtigen Beitrag dar, um zu klären, welches mathematikbezogene fachliche und fachdidaktische Wissen von Experten handlungsrelevant ist und wie es genutzt wird.

Die Untersuchungen in dieser Arbeit beziehen sich damit nur auf einen Ausschnitt des Pädagogischen Argumentierens. Es geht ausschließlich um die Nutzung des mathematikbezogenen fachlichen und fachdidaktischen Wissens bzw. die damit verbundenen Argumente für oder gegen den Gebrauch von Repräsentationen im Mathematikunterricht. Argumente für oder gegen die Implementierung bestimmter Sozialformen oder Bewertungsmethoden im Unterricht werden nicht weiter berücksichtigt. Die Einschränkung auf ein Fach ist notwendig, da davon ausgegangen wird, dass das fachbezogene Pädagogische Argumentieren insbesondere je fachspezifisch untersucht werden muss und jeweilige Erkenntnisse nicht ohne Weiteres auf andere Fächer übertragen werden können. Nichtsdestotrotz können die Ergebnisse dieser

Arbeit zumindest hinsichtlich des fachbezogenen Pädagogischen Argumentierens interpretiert werden.

Bei den Untersuchungen in dieser Arbeit wird anders als in bisherigen Studien zum Pädagogischen Argumentieren *einerseits* von einer einschlägigen Konzeptualisierung des fachlichen und fachdidaktischen Wissens ausgegangen, der Konzeptualisierung „Mathematical Knowledge for Teaching" von Ball et al. (2008). Um den Gegebenheiten der Praxis gerecht zu werden, wird diese Konzeptualisierung *andererseits* zugleich für subjektives und erfahrungsbezogenes Wissen geöffnet. Denn das fachliche und fachdidaktische Wissen besteht nicht nur aus dem institutionellen Wissen, das etwa in der Ausbildung erworben werden kann, sondern beruht darüber hinaus auf individuellen und erfahrungsbasierten Wissenskonstruktionen (Loughran, 2019; Shulman, 1998). Durch die Öffnung des fachlichen und fachdidaktischen Wissens für subjektives und erfahrungsbezogenes Wissen wird es möglich, die Wissensnutzung beim Pädagogischen Argumentieren unabhängig von einer normativen Perspektive auf die Angemessenheit des Wissens zu betrachten. Durch einen entsprechend weiten Begriff des fachlichen und fachdidaktischen Wissens kann der Schwerpunkt auf mögliche Unterschiede beim fachbezogenen Pädagogischen Argumentieren und der damit verbundenen Wissensnutzung von Novizen und Experten-Lehrpersonen gelegt werden – und nicht auf die Qualität des jeweiligen Wissens.

Auch wenn die vorliegenden Untersuchungen zur Grundlagenforschung im Bereich der Lehrpersonenprofessionsforschung gehören, können diese wichtige Konsequenzen für die Praxis der Aus- und Weiterbildung von Lehrpersonen haben. Denn ein Vergleich von Novizen und Experten ermöglicht außerdem, allfällige Unterschiede als Defizite der Novizen zu interpretieren und daraus detailliertere Folgerungen für die fachliche und fachdidaktische Aus- und Weiterbildung der Lehrpersonen abzuleiten. Schließlich ist eine Förderung des fachbezogenen Pädagogischen Argumentierens nur möglich, wenn hinreichend geklärt ist, was Expertise in dieser Hinsicht ausmacht. Fachdidaktische und fachwissenschaftliche Lehrveranstaltungen in der Ausbildung von Lehrpersonen fokussieren bisher oft auf den seperaten Aufbau von fachlichen und fachdidaktischen Kompetenzen. Bei einer Förderung des fachbezogenen Pädagogischen Argumentierens könnte es aber zusätzlich darauf ankommen, das entsprechende fachliche und fachdidaktische Wissen in geeigneter Weise aufeinander zu beziehen. Wie dies geschehen soll und welche Formen des Bezugs von besonderer Relevanz sind, ist dabei noch ungeklärt. Entsprechende Lernangebote zum Pädagogischen Argumentieren in der Ausbildung könnten als Nebeneffekt sogar einen positiven Einfluss auf den Wissenszuwachs bei den genannten Wissenskomponenten haben und die Kohärenzerfahrung von angehenden Lehrpersonen bzgl. der verschiedenen Wissenskomponenten erhöhen.

Diese Arbeit besteht aus mehreren Teilen. Die Kapitel 2 bis 4 beschreiben zusammenfassend eine Reihe von empirischen Studien. Dazu gehören ein theoretischer Teil (Kapitel 2), ein empirischer Teil (Kapitel 3) und ein Diskussionsteil (Kapitel 4). Die einzelnen Studien sind Gegenstand verschiedener Publikationen und eines bisher unveröffentlichen Manuskripts, welche im Kapitel 5 abgedruckt sind.

Im Kapitel 2 werden relevante Vorarbeiten behandelt, einerseits zum fachlichen und fachdidaktischen Wissen (Abschnitt 2.1) und andererseits zum Pädagogischen Argumentieren (Abschnitt 2.2). In 2.1 wird zuerst auf wichtige Konzeptualisierungen des fachlichen und fachdidaktischen Wissens eingegangen, insbesondere auf die mathematikbezogene Konzeptualisierung „Mathematical Knowledge for Teaching" von Ball et al. (2008). Sodann werden mathematikdidaktische empirische Forschungsarbeiten vorgestellt, durch welche die vorliegende Arbeit zusätzlich eingeordnet wird. In 2.2 wird zuerst auf den Begriff des Pädagogischen Argumentierens eingegangen und es werden Möglichkeiten einer begrifflichen Präzisierung vorgestellt. Danach werden empirische (aber hier nicht nur mathematikdidaktische) Forschungsarbeiten zum Pädagogischen Argumentieren vorgestellt. Anschließend werden offene Fragen fachdidaktischer bzw. mathematikdidaktischer Forschung beschrieben (Abschnitt 2.3). Schließlich werden in Abschnitt 2.4 die Forschungsfragen dieser Arbeit vorgestellt und motiviert.

Im Kapitel 3 werden drei Studien zusammengefasst, welche sich jeweils auf eine der drei folgenden Forschungsfragen beziehen (Frage 1 in Abschnitt 3.1, Frage 2 in Abschnitt 3.2 und Frage 3 in Abschnitt 3.3):

1. *Welche Unterschiede gibt es hinsichtlich der Nutzung des mathematikbezogenen fachlichen und fachdidaktischen Wissens beim mathematikbezogenen Pädagogischen Argumentieren von Novizen und verschiedenen Typen von Experten?*

Bei der ersten Frage geht es um die Nutzung des mathematikbezogenen fachlichen und fachdidaktischen Wissens beim mathematikbezogenen Pädagogischen Argumentieren von Novizen und Experten. Es wird die Nutzung dieses Wissens bei der Bearbeitung eines Auftrags zur Unterrichtsplanung rekonstruiert, von dem angenommen wird, dass dieser das mathematikbezogene Pädagogische Argumentieren erfordert. Das bedeutet, dass das mathematikbezogene Pädagogische Argumentieren selbst nicht genauer untersucht wird. Hierfür müssten die entsprechenden fachlichen und fachdidaktischen Argumente rekonstruiert werden, insofern diese auf den (intentierten) Gebrauch von fachlichen Repräsentationen im Unterricht bezogen sind. Für diese empirische Untersuchung braucht es allerdings eine genauere Beschreibung entsprechender Denkprozesse, welche erst im Rahmen der zweiten Forschungsfrage erarbeitet wird. Der Schwerpunkt der ersten Studie liegt daher auf dem Vergleich von Novizen und Experten bzw. dem Vergleich verschiedener Typen von Experten (zum Beispiel Expertenlehrpersonen mit viel Erfahrung, mit mathematischer oder mathematikdidaktischer Zusatzqualifikation etc.) hinsichtlich der Wissensnutzung *beim* mathematikbezogenen Pädagogischen Argumentieren. Die Beantwortung dieser Frage soll helfen zu klären, welches Wissen beim mathematikbezogenen Pädagogischen Argumentieren besonders relevant ist bzw. für wen (welchen Typ von Experten) welches Wissen relevant ist.

2. *Welche Denkprozesse des mathematikbezogenen Pädagogischen Argumentierens von Novizen und Experten können empirisch rekonstruiert werden?*

Bei der zweiten Frage geht es um eine empirisch verankerte Beschreibung von Denkprozessen des mathematikbezogenen Pädagogischen Argumentierens. Es sollen die fachlichen und fachdidaktischen Argumente für oder gegen den Gebrauch fachlicher Repräsentationen rekonstruiert und kategorisiert werden. Hierdurch wird der Bezug zu den (intendierten) Unterrichtshandlungen hergestellt. Außerdem werden die Argumente zudem mit der Konzeptualisierung „Mathematical Knowledge for Teaching" von Ball et al. (2008) in Verbindung gebracht. Insgesamt kann so die Vermittlerrolle des mathematikbezogenen Pädagogischen Argumentierens beschrieben werden. Die Beantwortung der zweiten Frage stellt außerdem eine notwendige Vorbereitung für die dritte Forschungsfrage dar.

3. *Welche Unterschiede gibt es hinsichtlich des mathematikbezogenen Pädagogischen Argumentierens von Novizen und Experten?*

Bei der dritten Forschungsfrage geht es schließlich um einen Vergleich des mathematikbezogenen Pädagogischen Argumentierens von Novizen und Experten. Verglichen werden sollen die im Rahmen der zweiten Frage rekonstruierten fachlichen und fachdidaktischen Argumente. D.h. es geht um die Frage, welche fachlichen und fachdidaktischen Argumente von Novizen und Experten wie häufig mit dem (intendierten) Gebrauch bestimmter fachlicher Repräsentationen im Unterricht in Verbindung gebracht werden. Die Beantwortung dieser Frage soll helfen zu klären, was Expertise in Bezug auf das mathematikbezogene Pädagogische Argumentieren ausmacht.

Im Kapitel 4 werden alle drei Studien zusammengefasst und interpretiert (Abschnitt 4.1). Dabei geht es im Kern um die Frage, welchen Beitrag die vorliegenden empirischen Studien zu einer Klärung von Professionalität von Lehrpersonen aus dem Blickwinkel des mathematikbezogenen Pädagogischen Argumentierens bzw. der damit verbundenen Nutzung des fachlichen und fachdidaktischen Wissens leisten können. Nicht zuletzt werden Einschränkungen der Studien und weiterführende Forschungsideen aufgegriffen (Abschnitt 4.2), sowie mögliche Konsequenzen für die Ausbildung von Lehrpersonen diskutiert (Abschnitt 4.3).

Im Kapitel 5 sind Publikationen zusammengestellt, die im Rahmen der oben genannten Studien entstanden sind. Dazu gehören zwei Journal-Artikel, ein Sammelbandbeitrag, sowie ein bisher unveröffentlichtes Manusskript.

Theorieteil 2

2.1 Fachliches und fachdidaktisches Wissen von (angehenden) Mathematiklehrpersonen

In diesem Abschnitt wird zunächst auf einflussreiche und für diese Arbeit relevante Konzeptualisierungen des fachlichen und fachdidaktischen Wissens eingegangen (Abschnitt 2.1.2). Anschließend werden empirische Studien in der Mathematikdidaktik zum Zusammenhang des fachlichen und fachdidaktischen Wissens vorgestellt (Abschnitt 2.1.2).

2.1.1 Konzeptualisierungen des fachlichen und fachdidaktischen Wissens

Der Diskurs zum fachlichen und fachdidaktischen Wissen von Lehrpersonen geht im englischsprachigen Raum auf Shulmans Unterscheidung von „subject matter content knowledge" (CK), „pedagogical content knowledge" (PCK) und „curricular knowledge" zurück (Depaepe et al., 2013; Van Driel & Berry, 2010). Diese drei Wissensbereiche umfassen nach Shulman das fachbezogene Lehrpersonenwissen und sind Teil seiner Wissenskonzeptualisierung mit insgesamt sieben Wissensbereichen (Shulman, 1986, 1987). Es wird besonders Shulman zugeschrieben, die Bedeutung von PCK für die Praxis des Unterrichts und die Lehrpersonenprofessionsforschung erkannt und formuliert zu haben (Petrou & Goulding, 2011).

Die Betonung der Wichtigkeit des fachbezogenen Wissens begründet Shulman (1986) damit, dass dieses eine notwendige Voraussetzung für den Fachunterricht darstellt. Dieses Argument muss vor dem Hintergrund verstanden werden, dass Fachinhalte im US-amerikanischen Sprachraum zum damaligen Zeitpunkt kaum

R. Pilous, *Die Rolle des fachlichen und fachdidaktischen Wissens beim Pädagogischen Argumentieren*, Freiburger Empirische Forschung in der Mathematikdidaktik,
https://doi.org/10.1007/978-3-658-45622-1_2

Gegenstand der Lehrpersonenausbildung und -professionsforschung waren. Die Situation im deutschen Sprachraum ist damit zwar nicht vergleichbar. Dennoch macht es Sinn, die Konzeptualisierung des Lehrpersonenwissens nach Shulman in dieser Arbeit an den Anfang zu stellen, weil der internationale und insbesondere auch der deutsche Diskurs davon stark geprägt worden sind (Terhart, 2010). Insbesondere waren Shulmans und darauf aufbauende Konzeptualisierungen der Ausgangspunkt für empirische Untersuchungen des Lehrpersonenwissens (Van Driel & Berry, 2010). Beispiele dafür sind die Konzeptualisierung und Untersuchung des mathematikbezogenen Lehrpersonenwissens in den Forschungsprogrammen „Mathematical Knowledge for Teaching (MKT)“ (Ball et al., 2008; Hill et al., 2004), „Cognitive Activation in the Classroom (COACTIV)“ Baumert et al., 2010; Krauss et al., 2008 und „Teacher Education and Development Study – Mathematics (TEDS-M)“ (Blömeke et al., 2010a,b).

Die Betonung der Wichtigkeit des fachbezogenen Wissens bedeutet auch keine Abkehr von pädagogischen Aspekten des Lehrpersonenwissens. Shulman (1987) stellt dem fachbezogenen Wissen nicht nur wie oben erwähnt weitere nicht-fachliche Wissensbereiche gegenüber (u.a. etwa „general pedagogical knowledge“), sondern streicht auch die Wichtigkeit der Verbindung des fachlichen und pädagogischen Wissens durch seine Formulierung von PCK heraus. PCK ist für Shulman (1986) zwar eine Art des fachlichen Wissens, aber es orientiert sich an den Anforderungen des Fachunterrichts. Shulman beschreibt PCK entlang einer Auflistung konkreter Inhalte: Erstens geht es um verschiedene und möglichst schülergerechte Darstellungen fachlicher Inhalte, zweitens um typische Vorstellungen und Fehlvorstellungen von Lernenden in Bezug auf konkrete Fachinhalte und drittens darum, wie mit typischen (Fehl-)Vorstellungen im Fachunterricht möglichst produktiv umgegangen werden kann.

Im Gegensatz dazu orientiert sich CK an der jeweiligen Fachwissenschaft. Laut Shulman (1986) gehören zu CK nicht nur fachliche Fakten und Konzepte, sondern auch fachliche Strukturen im Sinne von Schwab (1978), d. h. sogenannte substanzielle und syntaktische Strukturen. Substantielle Strukturen beziehen sich auf die Möglichkeiten der fachwissenschaftlichen Organisation des Wissens. In Bezug auf die Mathematik etwa ist es wichtig zu wissen, wie mathematische Aussagen und Definitionen auf eine oder auf verschiedene Weisen in einem axiomatisch-deduktiven Curriculum geordnet werden können. Syntaktische Strukturen beziehen sich dagegen auf die (expliziten oder impliziten) fachlichen Konventionen zur Beurteilung der Gültigkeit von Aussagen. In der Mathematik etwa muss bekannt sein, dass einfache illustrierende Beispiele die Gültigkeit einer All-Aussage nicht belegen, oder dass die Gültigkeit einer Aussage auch durch indirekte Schlussform gezeigt werden kann.

Das curriculare Wissen bezieht sich nach Shulman (1986) schliesslich erstens auf die „materielle Dimension“ des Fachunterrichts. Damit gemeint sind alle verfügbaren Lehrmittel, damit assoziierte Materialien, Gegenstände der Veranschaulichung etc., sowie die Vor- und Nachteile ihrer Verwendung in der Praxis. Zweitens bezieht es sich auf die lehrplanbedingte Behandlung von Inhalten in einem Fach in verschiedenen Schuljahren (vertikales Curriculum) oder in verwandten Fächern in einem Schuljahr (horizontales Curriculum).

Die Konzeptualisierung des Lehrpersonenwissens nach Shulman (1986, 1987) wurde im Anschluss vielfach kritisiert und auch weiterentwickelt. Als Kritikpunkt wurden zunächst eine mangelnde theoretische und empirische Fundierung der Konzeptualisierung gesehen (Depaepe et al., 2013). Zum Beispiel könnte es auch sein, dass PCK keine kognitive Modellierung von Wissen ist oder von CK (jeweils aufgefasst als Konstrukte interindividueller Unterschiede) nicht empirisch unterschieden werden kann.[1] Autoren anderer Konzeptualisierungen des Lehrpersonenwissens schlagen vor, dass Lehrpersonen ihr fachliches und pädagogischen Wissen in konkreten Situationen „integrieren“ und dadurch spontan neues, kontextabhängiges Wissen konstruieren, anstatt auf statisches und kontextunabhängiges fachdidaktisches Wissen zurückzugreifen (Bednarz & Proulx, 2009; Gess-Newsome, 1999). Ausserdem wurde kritisiert, dass durch die eher statische Konzeptualisierung mögliche Wechselwirkungen zwischen den Wissensbereichen nicht in den Blick empirischer Untersuchungen genommen werden können (Petrou & Goulding, 2011). Schliesslich wird von einigen Autoren in Frage gestellt, ob sich CK und PCK als Wissensbereiche überhaupt sinnvoll unterscheiden lassen. Zum Beispiel argumentieren McEwan & Bull (1991), dass jedes Fachwissen eine pädagogische Dimension hat und eine Unterscheidung daher nicht angemessen ist.

Die Konzeptualisierung MKT der Michigan-Gruppe (Ball et al., 2008; Hill et al., 2004), d. h. einer Gruppe von Kolleginnen und Kollegen um Deborah Loewenberg Ball an der Universität Michigan, gilt als eine der einflussreichsten Weiterentwicklungen von Shulmans Konzeptualisierung im internationalen mathematikdidaktischen Diskurs (Berry et al., 2016; Depaepe et al., 2013). Weil für den weiteren Verlauf dieser Arbeit vor allem diese Konzeptualisierung relevant ist, wird im Folgenden hierauf genauer eingegangen.

[1] kognitive Modellierung vs. differentielle Modellierung bzw. Modellierung als Konstrukte interindividueller Unterschiede: zur Unterscheidung siehe Renkl (2012).

Im Rahmen von MKT wurde das fachliche Wissen durch die Angabe von Wissenskomponenten bzw. Teilbereichen von CK ausdifferenziert. Nach Ball et al. (2008) umfasst CK „common content knowledge“ (CCK), „specialized content knowledge“ (SCK) und „horizon content knowledge“ (HCK).[2]

CCK bezieht sich auf mathematisches Wissen, welches nicht nur speziell für Lehrpersonen relevant ist, sondern welches auch in anderen (außerschulischen) Kontexten eine Rolle spielt. Lehrpersonen brauchen nach Ball et al. (2008) ein solches „normales“ mathematisches Wissen, um Mathematikaufgaben selbst korrekt beantworten zu können und um Lösungen von Schülern als richtig oder falsch identifizieren zu können. Solche Beurteilungen könnten aber im Prinzip auch von jeder anderen mathematisch gebildeten Person gegeben werden (ebd.).

Im Gegensatz dazu handelt SCK von „speziellem“ mathematischem Wissen, welches nach Annahme von Ball und Kollegen nur von Lehrpersonen benötigt wird. Grundlage für die Notwendigkeit dieses besonderen Wissens sind mathematische Aufgaben, die sich in der Regel nur bei der Vorbereitung, der Durchführung und der Nachbereitung des Mathematikunterrichts stellen. Als Beispiele werden die Untersuchung verschiedener Schülerlösungen auf mathematische Zusammenhänge oder die Untersuchung von Schüleraussagen auf Verallgemeinerbarkeit genannt. Es wird angenommen, dass im Zusammenhang mit solchen Aufgaben ein „entpacktes“ Wissen zu mathematischen Inhalten und deren (auch aussermathematischen) Anwendungen wichtig ist, zum Beispiel ein Wissen über normative Grundvorstellungen zu den Grundoperationen.[3]

HCK schließlich wird von Ball et al. (2008) nur am Rande und etwas vage beschrieben. Hierbei geht es um ein „Bewusstsein, wie mathematische Themen aus der ganzen Spanne des Lehrplans miteinander verbunden sind“ (S. 403, eigene Übersetzung). HCK wurde zuvor bereits von Ball (1993) eingeführt und wird (evtl. aufgrund seines noch ungeklärten Status) nicht in allen Studien der Michigan-Gruppe berücksichtigt.

Neben CK wurde auch PCK gemäß Ball et al. (2008) ausdifferenziert. Es umfasst „knowledge about content and teaching“ (KCT), „knowledge about content and students“ (KCS) and „knowledge about content and curriculum“ (KCC). Wie durch die Benennungen der Komponenten von PCK bereits deutlich wird, handelt es sich um

[2] Im Anhang dieser Arbeit findet sich ein Abkürzungsverzeichnis für diese und für weitere wichtige in der Arbeit verwendete Abkürzungen.

[3] Hier gemeint im Sinne von Vom Hofe (1995). Ball et al. sprechen im Englischen von „models“ und beziehen sich nicht auf Vom Hofe. Da die von Ball et al. (2008) gegebenen Beispiele in der deutschsprachigen Mathematikdidaktik als normative Grundvorstellungen bezeichnet werden können, wurde dieser Sprachgebrauch im Text verwendet.

ein „integriertes" Wissen, indem fachliche und pädagogische Aspekte aufeinander bezogen sind. Auch hierauf wird im Folgenden jeweils eingegangen.

KCS bezieht sich auf mathematikbezogene Kognitionen und Verhaltensweisen von Schülern. Dazu gehören typische Fehlvorstellungen zu mathematischen Konzepten, typische Fehler bei bestimmten Aufgaben, oder Reaktionen bzw. Verhaltensweisen auf bestimmte Fragen.

Während sich KCS auf Mathematik *und* die Lernenden bezieht, geht es beim KCT um Mathematik *und* Unterricht. Genauer soll KCT das Wissen über (in bestimmten Situationen) vorteilhafte Repräsentationen mathematischer Inhalte und deren zeitliche Anordnung sein (wie Fragen, Beispielen, Aufgaben, Darstellungen und Bilder).[4] Als Beispiel nennen Ball und Kollegen das Wissen, mit welchen Beispielen man den Unterricht typischerweise eröffnen kann, wenn es um ein konkretes mathematisches Thema gehen soll (etwa bei einer Einführung in das Bruchrechnen).

KCC schließlich wird von Ball et al. (2008) in ihrer Zusammenfassung aller Wissensbereiche von MKT erwähnt, aber leider nicht genauer ausgeführt. Da von der Autorin und den Autoren zuvor auf Shulman eingegangen wird, kann vermutet werden, dass hiermit das „curriculare Wissen" gemeint ist (siehe Ausführungen zu Shulmans Konzeptualisierung weiter oben). Alternativ könnte aber auch ein Wissen gemeint sein, welches sich auf den Lehrplan oder Bildungsstandards in einem Fach bezieht. Denn es ist plausibel, dass Lehrpersonen auch wissen müssen, welche inhaltlichen oder prozessbezogenen Kompetenzen zu welchem Zeitpunkt von den Schülern erwartet werden.

Mit der Konzeptualisierung der Michigan-Gruppe sind aber keineswegs alle Fragen und Kritikpunkte gelöst, die auch schon an Shulmans Konzeptualisierung herangetragen wurden. Der „kognitive" Status der Konzeptualisierung, also ob die Wissensbereiche auch kognitiven Repräsentationen von Wissen entsprechen (kognitive Modellierung), ist fraglich. Ausgehend von einer Modellierung der Wissensbereiche als Konstrukte interindividueller Unterschiede konnten Hill et al. (2004) allerdings zeigen, dass sich zumindest das fachliche Wissen (CCK und SCK) einerseits und KCS andererseits so operationalisieren lassen, dass diese Bereiche als empirisch separierbar betrachtet werden können.

Durch die Konzeptualisierung von PCK durch „integrierte" Teilbereiche, in denen fachliche und pädagogische Aspekte bereits aufeinander bezogen sind, können Ball und Kollegen auch der Kritik der fehlenden Berücksichtigung der Wechselwirkungen zwischen fachlichen und pädagogischen Aspekten ein Stück weit entgegentreten. Allerdings geht eine solche Integration nach Auffassung einiger Autoren prinzipiell mit einer geringeren Präzision bei der Beschreibung der Teilbereiche des

[4] Der Begriff „Repräsentation" wird von Ball et al. wie bei Shulman (1986, 1987) verwendet.

Wissens einher (Gess-Newsome, 1999). Petrou & Goulding (2011) zufolge können SCK und PCK zum Beispiel nicht genau unterschieden werden.

Außerdem machen es die teilweise impliziten Definitionen von Wissensbereichen (als Wissen, das der Bewältigung von bestimmten Aufgaben unterliegt) schwierig, die Bereiche voneinander abzugrenzen. SCK zum Beispiel unterliegt nach Aussagen von Ball et al. (2008) der fachlichen Beurteilung von typischen Schülerfehlern. Gleichzeitig behaupten die Autorin und die Autoren allerdings, dass KCS dem Erkennen von typischen Fehlern unterliegt (S. 401). Schließlich wird auch behauptet, dass CCK ebenfalls bei der Analyse von Fehlern eine Rolle spielt (ebd.).

In Bezug auf KCT wird teilweise auch gefordert, dass sich dieses Wissen nicht nur auf die verfügbaren Repräsentationen und deren zeitliche Anordnung im Unterricht bezieht, sondern auch auf die Vor- und Nachteile einer entsprechenden Nutzung in bestimmten Situationen. Solche Vor- oder Nachteile können aber ihrerseits Wissen aus anderen Wissensbereichen voraussetzen, weshalb die Grenzen zwischen den Wissensbereichen bei genauerer Betrachtung verschwimmen.

In Bezug auf die Michigan-Gruppe muss abschließend darauf hingewiesen werden, dass die MKT-Konzeptualisierung zwar eine sehr bedeutende, aber eine unter vielen Weiterentwicklungen von Shulmans Konzeptualisierung ist. Im deutschen Sprachraum sei exemplarisch auf die „Topologie des Lehrerwissens" von Bromme (1992) bzw. die Forschungsprogramme COACTIV (Baumert et al., 2010; Krauss et al., 2008) und TEDS-M (Blömeke et al., 2010a,b) hingewiesen. Für einen internationalen Überblick siehe zum Beispiel Depaepe et al. (2013) und Petrou & Goulding (2011). Geht man gar von anderen Fachdidaktiken aus, ergibt sich nochmals eine größere Vielfalt an verschiedenen Konzeptualisierungen, insbesondere im Bereich der Naturwissensschafts-Didaktik (Hume et al., 2019). Für die Mathematikdidaktik allerdings kann laut den von Depaepe et al. (2013) angestellten Vergleichen festgehalten werden, dass die meisten Konzeptualisierungen von PCK mindestens Wissen über mathematikbezogene Schülerkognitionen (ähnlich zu KCS) sowie Unterrichtsstrategien und verschiedene Repräsentationen mathematischer Sachverhalte umfassen (ähnlich zu KCT).

In dieser Arbeit können die Begriffe des fachlichen und fachdidaktisches Wissens als Übersetzungen von engl. „content knowledge" und „pedagogical content knowledge" gelesen werden, wobei die englischen Begriffe bzw. deren Abkürzungen vor allem im Zusammenhang mit der Wiedergabe konkreter Konzeptualisierungen aus der englishsprachigen Literatur verwendet werden.

2.1.2 Empirische Forschung zum Zusammenhang des fachlichen und fachdidaktischen Wissens

Zum fachlichen und fachdidaktischen Wissen von (angehenden) Mathematiklehrpersonen wurde innerhalb der letzten 30 Jahre intensiv geforscht. Einen Schwerpunkt bilden dabei Studien, in denen das fachliche und fachdidaktische Wissen durch entsprechende Konzeptualisierungen modelliert (siehe vorheriger Abschnitt) und darauf aufbauend gemessen wird (Blömeke et al., 2010a,b; Hill et al., 2004; Krauss et al., 2008). Anders als in diesen Studien soll diese Arbeit darauf fokussieren, wie das fachliche und fachdidaktische Wissen von (angehenden) Mathematiklehrpersonen beim Pädagogischen Argumentieren genutzt wird (vgl. Einleitung). Die Wiedergabe des Forschungsstands zum fachlichen und fachdidaktischen Wissen wird daher entsprechend eingegrenzt – allerdings noch ohne nur auf das Pädagogische Argumentieren Bezug zu nehmen.

Laut Depaepe et al. (2013) können im Wesentlichen sechs Forschungsstränge zum fachlichen und fachdidaktischen Wissen von (angehenden) Mathematiklehrpersonen unterschieden werden („nature of PCK", „relation CK-PCK", „relation PCK and student outcomes", „development of PCK", u.a.). Einer dieser Stränge ist für diese Arbeit besonders relevant und bezieht sich auf die Frage, wie das fachliche und fachdidaktische Wissen *zusammenhängen* („relation CK-PCK"). Diese Frage muss aber noch präzisiert werden, da zunächst unklar ist, was unter einem Zusammenhang genauer zu verstehen ist. In der Literatur existieren allerdings verschiedene Präzisierungen dieser Frage. Damit verbunden ist die Untersuchung eines jeweils anderen Zusammenhangskonstrukts: Auf Grundlage bestehender mathematikdidaktischer Studien wurden von Pilous et al. (2017) bzw. Pilous et al. (2018) ein Überblick über verschiedene, bisher untersuchte Zusammenhangskonstrukte gegeben. Diese fünf Konstrukte werden im Folgenden (leicht angepasst) wiedergegeben:

i. Empirische Trennbarkeit des fachlichen und fachdidaktischen Wissens
ii. Fachliches und fachdidaktisches Wissens in Abhängigkeit von individuellen oder institutionellen Merkmalen
iii. Unterrichtsqualität und Schülerleistungen in Abhängigkeit des fachlichen und fachdidaktischen Wissens von Mathematiklehrpersonen
iv. Nutzung des fachlichen und fachdidaktischen Wissens durch (angehende) Mathematiklehrpersonen in typischen Anforderungssituationen
v. Gegenseitige Abhängigkeit des fachlichen und fachdidaktischen Wissens bei ihrer (zeitlichen) Entwicklung in Lernprozessen

Die obenstehende Aufzählung soll im Folgenden genutzt werden, um den Forschungsstand zum Zusammenhang des mathematikbezogenen fachlichen und fachdidaktischen Wissens systematisch darzustellen.[5] Studienergebnisse, die für diese Arbeit besonders relevant sind, werden dabei ausführlicher behandelt. Insbesondere sind die Darstellungen zu iv. besonders relevant für die Fragestellungen in dieser Arbeit.

i. *Empirische Trennbarkeit des fachlichen und fachdidaktischen Wissens*
In den meisten Studien werden das fachliche und fachdidaktische Wissen als Konstrukte interindividueller Unterschiede modelliert. Ausgehend von einer jeweiligen Konzeptualisierung werden die entsprechenden Wissensbereiche operationalisiert und es werden Aufgaben (Items) entwickelt, welche das Wissen im jeweiligen Bereich testen sollen. Durch die Teilnahme von in der Regel großen Probandengruppen am Test soll so das fachliche und fachdidaktische Wissen von (angehenden) Lehrpersonen gemessen werden. Die Frage nach dem Zusammenhang des fachlichen und fachdidaktischen Wissens (bzw. der jeweiligen Teilbereiche) zielt dann auf die Klärung der Frage ab, ob eine empirische Unterscheidung der Wissensbereiche durch Faktorenanalysen und aufgrund von diskriminanter Validität möglich ist. Hierzu werden im Folgenden Ergebnisse aus den Projekten MKT, COACTIV und TEDS-M vorgestellt.

Wie oben berichtet, deuten die Ergebnisse von Hill et al. (2004) auf eine empirische Trennbarkeit von CK und PCK in der MKT-Konzeptualisierung hin. Hill et al. (2004) haben die Antworten von Primarlehrpersonen zu den Items mit einer explorativen Faktorenanalyse ausgewertet. Demnach ließen sich mit Hilfe eines allgemeinen Faktors (interpretiert als CK) 72 %–77 % des Antwortverhaltens auf die Items erklären, „suggesting an influence of general grasp of mathematics on teachers' responses to items" (S. 21). Weiterhin legen die Auswertungen aber wie erwähnt die Möglichkeit der empirischen Untscheidung zumindest von CK (CCK und SCK) und KCS nahe. Außerdem wurde es als wahrscheinlich angesehen, die Antworten auf SCK-Items durch einen entsprechenden Faktor zu erklären. Schwierigkeiten hinsichtlich der Validität der von der Michigan-Gruppe verwendeten Tests sind der Anlass vielfältiger Publikationen, etwa im Journal *Measurement: Interdisciplinary Research & Perspectives* (2007) oder auch Fauskanger (2015). Insbesondere wurde kritisiert, dass SCK-Items durch rein fachliche Überlegungen beantwortet werden können (Hill et al., 2007).

[5] Die Aufzählung zeigt auch, dass die von Depaepe et al. (2013) vorgeschlagenen Forschungsstränge nicht trennscharf sind.

In der COACTIV-Studie wurde das fachliche und fachdidaktische Wissen von Mathematiklehrpersonen der Sekundarstufe getestet, unter anderem auch, um den Zusammenhang der Wissensbereiche im genannten Sinn zu untersuchen (Krauss et al., 2008). Für den Test wurde eine eng an Shulman angelehnte Konzeptualisierung des fachlichen und fachdidaktischen Wissens vorgeschlagen. Das fachdidaktische Wissen wird dabei unter dem Fokus der kognitiven Aktivierung von Schülertätigkeiten durch „Wissen über das Verständlichmachen von mathematischen Inhalten", „Wissen über mathematikbezogene Schülerkognitionen" und „Wissen über das kognitive Potential von Mathematikaufgaben" genauer beschrieben; das Fachwissen wurde im Sinne einer „Elementarmathematik vom höheren Standpunkt" (bezugnehmend auf F. Klein) konzeptualisiert (Krauss et al., 2008). Hinsichtlich des Zusammenhangs der Wissensbereiche werden bei den getesteten Lehrpersonen folgendes Ergebnis berichtet: Es zeigte sich eine hohe Korrelation (0.6) zwischen fachlichem und fachdidaktischen Wissen. Dass der Wert dennoch deutlich von 1 abweicht, wird als Hinweis auf die diskriminante Validität des Tests gewertet und es wird gefolgert, dass mit den entsprechenden fachlichen und fachdidaktischen Fragen verschiedene Aspekte des Wissens von Lehrperson gemessen werden konnten.

Das Ziel von TEDS-M schließlich war ursprünglich eine internationale Untersuchung der Wirksamkeit der Lehrpersonenausbildung vor dem Hintergrund verschiedener institutioneller Bedingungen. Es werden aber auch Aussagen über die Trennbarkeit der Wissensbereiche getroffen. An der Primarstufenstudie (Blömeke et al., 2010a) und an der Sekundarstufen-I-Studie (Blömeke et al., 2010b) haben dafür je 16 Länder teilgenommen (darunter Chile, Deutschland, Norwegen, Polen, Russland, Schweiz und USA). Bei der Konzeptualisierung des professionellen Wissens wird (wieder in Anlehnung an Shulman) mathematisches Wissen und mathematikdidaktisches Wissen unterschieden und beschrieben. Das mathematikdidaktische Wissen wird dabei unterteilt in curriculares und planungsbezogenes Wissen sowie in auf die unterrichtliche Interaktion bezogenes Wissen. Die durchgeführten Faktorenanalysen zeigen, dass mathematisches und mathematikdidaktisches Wissen empirisch unterschieden werden können. Insbesondere können die Teilbereiche des genannten mathematikdidaktischen Wissens unterschieden werden.

Auf Grundlage der genannten Studien kann zusammenfassend davon ausgegangen werden, dass das mathematikbezogene fachliche und fachdidaktische Wissen (basierend auf Weiterentwicklungen von Shulmans Konzeptualisierung) so operationalisiert werden kann, dass sich die (Teil-)Bereiche empirisch unterscheiden lassen. Aus diesem Grund liegt die Konzeptualisierung von Shulman bzw. die Weiterentwicklung MKT von Ball und Kollegen auch den Studien dieser Arbeit zugrunde.

Geht man wie Buchholtz et al. (2014) davon aus, dass die Korrelationen zwischen den Wissensbereichen in den beschriebenen Studien von einer zu starken fachlichen bzw. stoffdidaktischen Operationalisierung des fachdidaktischen Wissens geprägt sind, so kann die empirische Trennung bei anderen Operationalisierungen sogar noch deutlicher ausfallen. Buchholtz etwa schlägt vor, die psychologische, erziehungswissenschaftliche und allgemein-didaktische Perspektive auf mathematikdidaktische Fragen stärker zu berücksichtigen. In der Studie „Teacher Education and Development Study – Learning to Teach (TEDS-LT)“ wurde das mathematikdidaktische Wissen zum Beispiel mehr als in den anderen Studien als eigenständiger Bereich konzeptualisiert (Blömeke et al., 2011, 2013). Es werden hier innerhalb des mathematikdidaktischen Wissens die Teilbereiche stoffdidaktisches Wissens (mathematische Perspektive) und unterrichtsbezogenes mathematikdidaktisches Wissen (erziehungswissenschaftlich-psychologische Perspektive) unterschieden und beschrieben. Als Ergebnis konnte gezeigt werden, dass das unterrichtsbezogene mathematikdidaktische Wissen relativ unabhängig vom mathematischen Wissen ist: Zwar korreliert das stoffdidaktische Wissen mit dem mathematischen Wissen weiterhin relativ hoch (0.49) – das unterrichtsbezogene mathematikdidaktische Wissen mit dem mathematischen Wissen allerdings nur noch schwach (< 0.16), vgl. Buchholtz et al. (2014).

ii. *Fachliches und fachdidaktisches Wissen in Abhängigkeit von individuellen oder institutionellen Merkmalen*

Bei diesem Zusammenhangskonstrukt geht es nicht um einen bivariaten Zusammenhang des fachlichen und fachdidaktischen Wissens. Vielmehr ergibt sich der Zusammenhang dieser beiden Bereiche in Bezug auf etwas Drittes: die individuellen Merkmale von (angehenden) Lehrpersonen, zum Beispiel deren Motivation oder Überzeugungen, oder die institutionellen Merkmale, zum Beispiel die Einordnung nach Status (angehende Lehrperson, erfahrene Lehrperson, Grundschullehrperson, Real- oder Gymnasiallehrperson, Zugehörigkeit zu bestimmten Ländern etc.).

Hinsichtlich der individuellen Merkmale konnten zum Beispiel Campbell et al. (2014) zeigen, dass bestimmte Überzeugungen (wie etwa zur Bedeutsamkeit des Vorwissens von Schülern) einen positiven Zusammenhang mit dem fachlichen und fachdidaktischen Wissen von Lehrpersonen haben. Hinsichtlich der institutionellen Merkmale wurde zum Beispiel im Rahmen der oben bereits beschriebenen Untersuchungen im COACTIV-Projekt der Zusammenhang der Wissensbereiche hinsichtlich der Schulform untersucht (Krauss et al., 2008). Es konnte gezeigt werden, dass die Gymnasiallehrpersonen über mehr fachliches und mehr fachdidaktisches Wissen verfügen als Grund-, Haupt- und Realschullehrpersonen (GHR-Lehrpersonen), und dies, obwohl der Anteil fachdidaktischer Veranstaltungen in der

Gymnasiallehrpersonenausbildung oft geringer ist als bei der Ausbildung von GHR-Lehrpersonen. Dieser Befund kann durch die Studie von Blömeke et al. (2008) gestützt werden. In diesem Zusammenhang ist es auch interessant, dass es beim COACTIV-Test ausschließlich GHR-Lehrpersonen möglich war, trotz „niedrigem Fachwissen ein überdurchschnittliches fachdidaktisches Wissensniveau" zu erreichen (Krauss et al., 2008, S. 244). Zusätzliches Fachwissen konnte nach der Interpretation der Autorin und der Autoren das fachdidaktische Wissen der GHR-Lehrpersonen nicht mehr steigern, jedoch Schutz „vor einem niedrigen fachdidaktischen Wissensniveau" bieten (ebd.). Bei den Gymnasiallehrpersonen ging hingegen geringes fachdidaktisches Wissen mit geringem Fachwissen einher.

Zusammenfassend kann gesagt werden, dass aktuelle Studien darauf hindeuten, dass das fachliche und fachdidaktische Wissen von Mathematiklehrpersonen große Unterschiede aufweisen kann und dass diese Unterschiede mit den individuellen und institutionellen Merkmalen der Lehrpersonen zusammenhängen. Untersuchungen des fachlichen und fachdidaktischen Wissens sollten daher nach Möglichkeit differenziert erfolgen (zum Beispiel nach Schulstufen) und Ergebnisse können nicht ohne Weiteres auf jeweils andere Populationen übertragen werden.

iii. *Unterrichtsqualität und Schülerleistungen in Abhängigkeit des fachlichen und fachdidaktischen Wissens von Mathematiklehrpersonen*

Ähnlich wie beim vorherigen Konstrukt geht es hierbei um einen Zusammenhang in Bezug auf etwas Drittes, in diesem Fall Unterrichtsqualität und Schülerleistungen. Unterrichtsqualität und Schülerleistungen bzw. Kompetenzerwerb von Schülern stellen die wichtigsten Ziele der Arbeit von Lehrpersonen dar. Untersuchungen des Zusammenhangs des fachlichen und fachdidaktischen Wissens einerseits, sowie Unterrichtsqualität bzw. Schülerleistungen andererseits sind daher wichtig, um die Rolle des Wissens von Lehrpersonen in Bezug auf erfolgreiche Unterrichtshandlungen zu klären.

Während Campbell et al. (2014) bei Mathematiklehrpersonen der Sekundarstufe einen signifikanten Einfluss des fachlichen und des fachdidaktischen Wissens auf Schülerleistungen sehen, zeichnen Baumert et al. (2010) ein anderes Bild. Ihren Untersuchungen zufolge (ebenfalls im Rahmen von COACTIV) hat vor allem das fachdidaktische Wissen von Sekundarlehrpersonen einen großen Einfluss: Es konnte gezeigt werden, dass ca. 40 % der Leistungsunterschiede von Schülern am Ende der 10. Klasse (deutsches Schulsystem) durch das fachdidaktische Wissen der Lehrpersonen erklärt werden können – während sich eine ähnliche Wirkung für das fachliche Wissen nicht nachweisen ließ. Das fachdidaktische Wissen beeinflusst die Schülerleistungen dabei vermittelt über Unterrichtsqualität, d. h. insbesondere über die Fähigkeit der Lehrperson die Schüler kognitiv aktivieren zu können (zum

Beispiel durch passende Aufgaben). Das Fachwissen ist dadurch nicht bedeutungslos, da von den Autorinnen uns Autoren angenommen wird, dass es eine wichtige Voraussetzung für die Entwicklung des fachdidaktischen Wissens ist (ebd., hierzu siehe Abschnitt v: Gegenseitige Abhängigkeit des fachlichen und fachdidaktischen Wissens bei ihrer (zeitlichen) Entwicklung in Lernprozessen).

Zusammenfassend kann gesagt werden, dass vor allem ein positiver Einfluss des fachdidaktischen Wissens für Unterrichtsqualität und Schülerleistungen empirisch belegt werden kann. Hierbei muss aber betont werden, dass das fachdidaktische Wissen teilweise (etwa in der COACTIV-Studie) verhältnismäßig „mathematiknah" konzeptualisiert und operationalisiert wurde. Ein anderes Bild könnte sich daher bei anderen Konzeptualisierungen ergeben, etwa im Sinne von Buchholtz et al. (2014). Außerdem konnte Tchoshanov (2011) zeigen, dass die Konzeptualisierung des Fachwissens relevant ist: Es konnte ein positiver Einfluss des konzeptuellen mathematischen Wissens von Lehrpersonen auf Schülerleistungen belegt werden, jedoch kein entsprechender Einfluss von Faktenwissen oder prozeduralem Wissen. Die Rolle des Fachwissens muss daher als noch nicht hinreichend geklärt betrachtet werden.

iv. *Nutzung des fachlichen und fachdidaktischen Wissens durch (angehende) Mathematiklehrpersonen in typischen Anforderungssituationen*

Ein Zusammenhang des fachlichen und fachdidaktischen Wissens existiert bei iv. zunächst nur im weiteren Sinn. Er besteht darin, dass die Nutzung des fachlichen *und* des fachdidaktischen Wissens auf eine geeignete Anforderungssituation (zum Beispiel Aufgaben zur Unterrichtsplanung, -reflexion oder -durchführung, zur Diagnose bei Schülerdokumenten oder zum „Noticing") bezogen ist. Dabei wird die Rolle des jeweiligen Wissens hinsichtlich der entsprechenden Anforderungen untersucht.

Es können eher quantitativ und eher qualitativ angelegte Studien unterschieden werden. Bei quantitativen Studien wird das fachliche und fachdidaktische Wissen unabhängig von der Bewältigung der konkreten Anforderung gemessen und dann mit dieser in Beziehung gebracht, in der Regel durch die Untersuchung entsprechender Korrelationen zwischen den Merkmalen. Hinsichtlich der Anforderung der Unterrichtsreflexion haben Jeschke et al. (2021) etwa untersucht, wie das fachliche und fachdidaktische Wissen von (angehenden) Lehrpersonen mit deren Fähigkeiten beim Bewältigen von Reflektions- und Unterrichtsaufgaben zusammenhängen – dort genannt „reflexions- und aktionsbezogene Kompetenzen". Der Zusammenhang wird dabei „indirekt" mit Hilfe von Korrelationen der jeweils gemessenen Kompetenzen angegeben. Jeschke und Kollegen konnten so etwa zeigen, dass das fachliche und fachdidaktische Wissen positiv mit den genannten Kompetenzen korreliert. Es konnte auch gezeigt werden, dass der Effekt des fachlichen und fachdidaktischen Wissens auf die aktionsbezogene Kompetenz durch die reflexionsbezogene Kompetenz teilweise mediiert wird. Dies bestätigt aus Sicht der Autorin und der Autoren Annahmen darüber, dass das in der Ausbildung erworbene fachliche und fachdidaktische Wissen zunächst durch Unterrichtsreflexionen „prozeduralisiert" werden muss, bevor es für Unterrichtshandlungen genutzt werden kann. In ähnlicher Weise wurde in weiteren quantitativen Studien die Nutzung des fachlichen und fachdidaktischen Wissens von Mathematiklehrpersonen hinsichtlich anderer Anforderungen untersucht, etwa in Bezug die Fähigkeit, Schülerdokumente zu beurteilen (Binder et al., 2018) oder hinsichtlich der Fähigkeit, auffällige mathematische Handlungen von Kindern zu erkennen und darauf zu reagieren (Thomas et al., 2017).

Qualitativ angelegte Studien hingegen zielen darauf ab, den Zusammenhang durch die rekonstruierte Nutzung des Wissens *beim* Bearbeiten einer relevanten Aufgabe „direkt" beschreiben zu können. Hierbei stehen als Anforderung oft Unterrichtsentscheidungen im Zentrum (etwa bei der Planung, bei der Auswahl von geeigneten Darstellungen etc.) und es wird rekonstruiert, welchen Einfluss das fachliche und fachdidaktische Wissen auf solche Entscheidungen hat. Zum Beispiel konnten Even (1993) und Even & Tirosh (1995) zeigen, wie sich unzureichendes fachliches und fachdidaktisches Wissen auf die Angemessenheit von Entscheidungen (angehender) Mathematiklehrpersonen zum Gebrauch fachbezogener Darstellungen negativ auswirkt. Ähnliche Befunde berichten unter anderem Ball (1990), Ball (1991), Ball et al. (2001), Leinhardt & Greeno (1986), Ma (1999), Speer & Wagner (2009).

Dem gegenüber stehen weniger normativ geprägte Untersuchungen. Escudero & Llinares (2003) und Escudero & Sanchez (2007) zum Beispiel rekonstruieren ebenfalls den Einfluss des fachlichen und fachdidaktischen Wissens auf die Entscheidungen von Lehrpersonen. Dabei geht es aber weniger darum, das Wissen und die Entscheidungen zu bewerten. Vielmehr konnten die Autorinnen illustrieren, wie unterschiedliches Wissen zu unterschiedlichen Vorgehensweisen im Unterricht führen kann. Diese Fallstudien erlauben jedoch keine Ableitung allgemeiner Hypothesen über die Nutzung des fachlichen und fachdidaktischen Wissens bei Unterrichtsentscheidungen.

Es kann bilanziert werden, dass Studien zur Nutzung des fachlichen und fachdidaktischen Wissens von (angehenden) Mathematiklehrpersonen neben den Studien zu Unterrichtsqualität und Schülerleistungen (siehe vorheriger Abschnitt) die praktische Bedeutung beider Wissensbereiche belegen. Vor allem anhand von Fallstudien konnte gezeigt werden, wie sich ungenügendes Wissen in den jeweiligen Bereichen negativ auf Entscheidungen und auf das Handeln von Lehrpersonen auswirken kann. Weitgehend ungeklärt allerdings ist die Frage, *wie* (in welchen Denkprozessen) das fachliche und fachdidaktische Wissen (im Rahmen von Unterrichtsreflexionen) aufeinander bezogen wird und schließlich zu unterrichtsrelevanten Entscheidungen oder Handlungen führt. Durch die Fokussierung auf das Pädagogische Argumentieren setzen die Studien in dieser Arbeit bei dieser Frage an.

v. *Gegenseitige Abhängigkeit des fachlichen und fachdidaktischen Wissens bei ihrer (zeitlichen) Entwicklung in Lernprozessen*
In der Literatur werden verschiedene Hypothesen bzgl. des Erwerbs des fachlichen und des fachdidaktischen Wissens genannt. Oft werden zu den Bedingungen der Entwicklung des fachdidaktischen Wissens die Amalgamhypothese, die Suffizienzypothese und die Unterstützungshypothese unterschieden (Kleickmann et al., 2017):

- Suffizienzhypothese: Hiernach wird fachliches Wissen als hinreichende Bedingung für die Entwicklung des fachdidaktischen Wissens gesehen.
- Unterstützungshypothese: Hiernach wird fachliches Wissen als notwendige, aber nicht hinreichende Bedingung für die Entwicklung des fachdidaktischen Wissens gesehen.
- Amalgamhypothese: Hiernach wird fachliches und pädagogisches Wissen als hinreichende Bedingung für die Entwicklung des fachdidaktischen Wissens gesehen.

Zur Suffizienzhypothese: Krauss et al. (2008) berichtet, dass in der COACTIV-Studie Sekundarlehrpersonen mit gutem Fachwissen auch stets hohe Werte bei der Messung des fachdidaktischen Wissens erzielten. Insbesondere wird aufgezeigt, dass gymnasiale Lehrpersonen trotz ihres geringeren Anteils an fachdidaktischen Veranstaltungen im Studium im Vergleich zu GHR-Lehrpersonen bei der Bearbeitung der Fragen zum fachdidaktischen Wissen besser abschnitten (siehe auch Abschnitt ii.). Dies kann als Hinweis dafür gedeutet werden, dass das Fachwissen eine hinreichende Bedingung für die Entwicklung des fachdidaktischen Wissens darstellt. In experimentellen Studien konnte diese Hypothese teilweise bestätigt werden: Auch Kleickmann et al. (2017) bzw. Tröbst et al. (2019) berichten von Effekten des fachlichen Wissens auf die Entwicklung des fachdidaktischen Wissens bei angehenden Primarlehrpersonen. Dieser Annahme entgegen stehen Untersuchungen von Capraro et al. (2005), welche die Suffizienzhypothese in Frage stellen.

Zur Unterstützungshypothese: Die Ergebnisse der COACTIV-Studie und die MKT-Studien, insbesondere die teilweise hohen Korrelationsmaße für fachliches und fachdidaktisches Wissen (Hill et al., 2004; Krauss et al., 2008), können als Hinweise für die Gültigkeit dieser These gedeutet werden. In den experimentell angelegten Studien fanden Kleickmann et al. (2017) bzw. Tröbst et al. (2019) allerdings keinen Beleg für die Hypothese. Zwar hatten zusätzliche Unterweisungen von angehenden Primarlehrpersonen in fachlichem Wissen (zusätzlich zu Unterweisungen in fachdidaktischem Wissen) auf die Entwicklung des fachdidaktischen Wissens einen positiven Einfluss. Die Effekte waren aber vergleichbar mit einer Intervention, die nur auf Unterweisungen in fachdidaktischem Wissen basierte.

Zur Amalgamhypothese: Kleickmann et al. (2017) bzw. Tröbst et al. (2019) haben auch diese Hypothese untersucht und trotz ihrer großen Verbreitung in der Literatur keine besonderen Belege dafür finden können. Zwar hat eine Unterweisung in fachlichem und pädagogischem Wissen einen positiven Einfluss auf die Entwicklung des fachdidaktischen Wissens. Doch dieser Einfluss ist weniger stark als Unterweisungen in nur fachdidaktischem Wissen bzw. als Unterweisungen in fachlichem und fachdidaktischem Wissen (siehe Ausführungen weiter oben).

Von Tröbst et al. (2018) wurden außerdem umgekehrt Hypothesen zum Einfluss des fachdidaktischen Wissens auf die Entwicklung des fachlichen und pädagogischen Wissens untersucht (ebenfalls an angehenden Primarlehrpersonen). Es konnten geringe Effekte von Unterweisungen in fachdidaktischem Wissen auch auf das fachliche und pädagogische Wissen nachgewiesen werden.

Zieht man zudem auch Studien aus anderen Fachdidaktiken bzw. aus der Lehr-Lern-Forschung heran, so kann außerdem von Studien berichtet werden, welche den Einfluss einer integrierten vs. einer separierten Unterweisung in fachlichem, fachdidaktischem bzw. pädagogischem Wissen für die Entwicklung des fachdidaktischen Wissens untersuchen. Evens et al. (2018) etwa berichtet, dass eine separierte oder integrierte Unterweisung in fachlichem, fachdidaktischem bzw. pädagogischem Wissen keinen Unterschied für die Entwicklung des fachdidaktischen Wissens macht. Demgegenüber stehen Studienergebnisse von Harr et al. (2014), wonach eine integrierte Unterweisung Vorteile bietet.

Die zusammengetragenen Studien machen deutlich, dass der Wissenserwerb (insbesondere) des fachdidaktischen Wissens vermutlich auf vielfältigen Wegen erfolgen kann und dass die bisher untersuchten Hypothesen noch nicht geeignet sind, um die Bedingungen der Entwicklung des fachdidaktischen Wissens hinreichend zu beschreiben.

2.2 Pädagogisches Argumentieren

Grundannahme des Pädagogischen Argumentierens ist, dass sich die Unterrichtstätigkeit von Lehrpersonen nicht auf die sichtbaren Unterrichtshandlungen beschränkt, sondern mit Beurteilungs- und Entscheidungsprozessen im Denken der

Lehrpersonen einhergeht. In einer der weitesten (später noch zu präzisierenden) Formulierungen wird das Pädagogische Argumentieren entsprechend als das Denken von Lehrpersonen beschrieben, das deren Unterrichtshandlungen zuvor und mit ihnen einher geht (Loughran, 2019). Die hierdurch ausgedrückte „kognitive Perspektive" auf die Tätigkeit von Lehrpersonen braucht im Diskurs heute kaum mehr eine Rechtfertigung. Die Grundannahme muss denn auch vor dem historischen Hintergrund gesehen werden, d. h. insbesondere als Reaktion auf primär transmissive Auffassungen von Unterricht, wonach Lehrpersonen vor allem die Aufgabe zukommt, dass fachliche Wissen den Lernenden nach einem bestimmten Aufbau darzubieten.

Der Begriff des Pädagogischen Argumentierens ist im deutschen Sprachraum nicht verbreitet. Dies liegt daran, dass der dazugehörige Diskurs vor allem im englischen Sprachraum (unter dem Begriff „pedagogical reasoning") geführt wird (Kavanagh et al., 2020; Loughran et al., 2016; Loughran, 2019; Shulman, 1987). Um die Nähe zum englischsprachigen Diskurs zum Ausdruck zu bringen, wird in dieser Arbeit an der direkten Übersetzung festgehalten, obwohl diese nicht ganz unproblematisch ist. Denn das deutsche „Argumentieren" wird evtl. eher mit dem verbalen Kommunizieren zwischen mindestens zwei Individuen in Verbindung gebracht und weniger als intraindividueller Denkprozess verstanden.

Es ist nicht einfach, den englischsprachigen Diskurs zum Pädagogischen Argumentieren zu überblicken, da teilweise verschiedene Begriffsnamen mit ähnlicher oder gleicher Bedeutung verwendet werden. Zum Beispiel haben die sogenannten „Practical Theories of Teaching" und verwandte Konzepte eine ähnliche Bedeutung, insofern sich diese unter anderem auch auf das Denken von Lehrpersonen beziehen, welches deren Unterrichtspraxis prägt (Cornett et al., 1990; Kettle & Sellars, 1996; Levin & He, 2008). Auch das Reflektieren von Unterricht kann in diesem Zusammenhang gesehen werden. Neben „pedagogical reasoning" ist in einigen Studien außerdem von „instructional reasoning" die Rede (Tiilikainen et al., 2019).

Die genauere Bedeutung des Pädagogischen Argumentierens, das dieser Arbeit zugrunde liegt, wird durch die wiedergegebene Literatur im folgenden Abschnitt 2.2.1 vorbereitet und auf dieser Grundlage im Abschnitt 2.4 präzisiert. Wie schon in Abschnitt 2.1.1 bilden Arbeiten von Shulman den Ausgangspunkt der Ausführungen. In Abschnitt 2.2.2 werden außerdem empirische Studien zum Pädagogischen Argumentieren zusammengetragen. Dabei wird (anders als in Abschnitt 2.1) nicht nur auf mathematikdidaktische Arbeiten eingegangen. Dies liegt daran, dass das Pädagogische Argumentieren als Forschungsgegenstand in der Mathematikdidaktik weniger etabliert ist. Die meisten Arbeiten dazu sind dem generischen Bereich der Aus- und Weiterbildung von Lehrpersonen zuzuordnen, vgl. Loughran et al. (2016).

2.2.1 Präzisierungen des Pädagogischen Argumentierens

Es wird Shulman zugeschrieben, den Diskurs zum Pädagogischen Argumentieren maßgeblich mitbegründet zu haben (Loughran et al., 2016). Shulman (1986, 1987) entwirft nicht nur eine Konzeptualisierung des fachlichen und fachdidaktischen Wissens (siehe Abschnit 2.1.1), sondern auch ein „Model of Pedagogical Reasoning and Action", welches vor allem die folgenden Aspekte umfasst: „Comprehension", „Transformation", „Instruction", „Evaluation" und „Reflection" (Shulman 1987, S. 15). Der Aspekt „Instruction " entspricht dem sichtbaren Unterrichtshandeln von Lehrpersonen („Action"). Die anderen Aspekte können hingegen der kognitiven Perspektive auf die Tätigkeit von Lehrpersonen zugewiesen werden („Pedagogical Reasoning"). Insgesamt geht es Shulman um eine umfassende Beschreibung von (mentalen wie physischen) Tätigkeiten professioneller Lehrpersonen („conception of teaching", Shulman, 1987 , S. 12), die ihm als Heuristik dient für die Formulierung relevanter Wissensbereiche von Lehrpersonen, unter anderem CK und PCK (siehe Abschnitt 2.1.1).

Im Folgenden werden die von Shulman vorgeschlagenen Tätigkeiten genauer vorgestellt. Im Anschluss daran wird auf Grundlage aktuellerer Literatur eine engere Bedeutung des Pädagogischen Argumentierens herausgearbeitet.

Comprehension: Zuerst müssen Lehrpersonen nach Shulman die unterrichtsrelevanten fachlichen Inhalte und Ideen verstehen und die zentralen Ziele des Unterrichts kennen. Diese Fähigkeiten entwickeln sich durch die fachliche Auseinandersetzung mit Lerngegenständen, zum Beispiel im Rahmen von sogenannten Sachanalysen bei der Unterrichtsplanung. Durch diesen Aspekt können Fachlehrpersonen laut Shulman aber noch nicht genügend von anderen Fachexperten unterschieden werden.

Transformation: Dieser Aspekt macht nach Shulman den Kern des Pädagogischen Argumentierens aus und unterscheidet zugleich die Fachlehrperson von anderen Fachexperten. Der Aspekt betont, dass die fachlichen Inhalte von der Lehrperson im Unterricht auf besondere Weise dargestellt werden müssen, d. h. auf eine Art und Weise, welche das Erlernen dieser Inhalte fördert. Laut Shulman muss die Lehrperson hierbei geeignete Repräsentationen (engl. representations) fachlicher Inhalte und Tätigkeiten (gemeint sind z. B. Analogien, Erklärungen, Begründungen, Bilder, Aufgaben, Fragen usw.)[6] kennen, auswählen, sequenzieren und an die Ausgangslage der Lernenden anpassen, sowie mit diesen Repräsentationen verbundene Reaktionen der Schüler antizipieren (Vorstellungen, typische Fehler etc.).

---

[6] D. h. gemeint sind sogenannte externe Repräsentationen (wahrnehmbare Darbietungen der Fachinhalte) und nicht interne Repräsentationen (mentale Wissenskonstruktionen zu Fachinhalten), vgl. Amador et al. (2022), Goldin (2020).

Instruction: Dieser Aspekt benennt die wahrnehmbaren Unterrichtshandlungen von Lehrpersonen. Relevant hierbei werden insbesondere Tätigkeiten, die auch in der (eher fachunspezifischen) erziehungswissenschaftlichen oder didaktischen Literatur oft beschrieben werden: einen Klassenverband organisieren und orchestrieren, verschiedene Sozialformen nutzen, verschiedene Medien einbinden, Unterrichtsgespräche nach bestimmten Mustern führen (etwa nach dem Frage-Antwort-Bewertungs-Muster oder nach den Kriterien sog. produktiver Klassengespräche), Standardsituationen nutzen usw.

Evaluation: Hierbei geht es Shulman darum, dass Lehrpersonen schon während des Unterrichts, aber auch nach dem Unterricht (anhand von eigens dafür erhobenen Schülerdokumenten, Hausaufgaben, Lernkontrollen etc.) das Lernen der Schüler kontrollieren. Es geht dabei zunächst um eine Bewertung der Kompetenzen der Schüler, in der Konsequenz aber auch um die Bewertung des eigenen Unterrichts, d. h. insbesondere der verwendeten Repräsentationen (siehe folgender Aspekt).

Reflection: Bei der Reflexion schaut die Lehrperson auf den Unterricht zurück und memoriert Vorkommnisse und Eindrücke. Zusammen mit den Ergebnissen der Evaluation (siehe vorheriger Aspekt) soll das Erreichen der gesetzten Unterrichtsziele bewertet werden. Insbesondere werden die verwendeten Repräsentationen bewertet: In welchen Situationen sind sie gewinnbringend, in welcher Hinsicht nicht usw. Durch den Prozess der Reflexion kann die Lehrperson laut Shulman aus ihrer Erfahrung lernen.

Shulman (1987) ist der Ausgangspunkt für Weiterentwicklungen und Verfeinerungen des Pädagogischen Argumentierens (Webb, 2002; Starkey, 2010). Eine Schwierigkeit hierbei ist allerdings, dass das Pädagogische Argumentieren nach Shulman, wie auch die genannten Weiterentwicklungen, so viele Aspekte von Professionalität umfassen, dass es nur bedingt ohne weitere Fokussierung sinnvoll empirisch untersucht werden kann. Es ist auch nicht ganz klar, wie das Wissen von Lehrpersonen und das Pädagogische Argumentieren genauer im Zusammenhang stehen.

Von einigen Autoren wird das Pädagogische Argumentieren daher weiterentwickelt, indem der Begriff enger gefasst wird. Im Folgenden geht es ausschließlich um diese engere Fassung des Pädagogischen Argumentierens. Für Shafto et al. (2014) zum Beispiel geht es beim Pädagogischen Argumentieren um einen Problemlöseprozess aus Sicht der Lehrperson, nämlich das Problem, geeignete Unterrichtshandlungen[7] so auszuwählen, das Lernende bestmöglich in ihrem fachlichen Lernprozessen unterstützt werden. Kavanagh et al. (2020) beschreiben das Pädagogische Argumentieren ähnlich als Prozess des gedanklichen Abwägens zwischen Argumenten für

[7] Bei Shafto et al. (2014) ist von „examples“ (S. 55) die Rede.

oder gegen die Verwendung von Unterrichtshandlungen[8] in bestimmten Situationen. Auch Loughran (2019) schließlich macht deutlich, dass sich das Pädagogische Argumentieren auf Denkprozesse bezieht, in denen die Lehrperson kontextabhängige Argumente mit einer Unterrichtshandlung[9] verknüpft. Hierdurch wird deutlich, dass das Pädagogische Argumentieren als das Durchdenken von Argumenten für oder gegen bestimmte Unterrichtshandlungen in bestimmten Situationen verstanden wird.

Es kann angenommen werden, dass die Unterrichtshandlungen von Lehrpersonen teilweise durch deren Pädagogisches Argumentieren erklärt werden. Allerdings muss hervorgehoben werden, dass das Pädagogische Argumentieren in der Regel zu keiner abschließenden Beurteilung kommen kann, d. h. eine Entscheidung für oder gegen eine Unterrichtshandlung in einer Situation ist nicht durch die Argumente dafür bzw. dagegen determiniert (Ball, 1988; Kavanagh et al., 2020). Mitbestimmend sind vielmehr weitere, kaum rationalisierbare Faktoren. In diesem Zusammenhang wurde daher auch von „pädagogischen Dilemmata" (Lampert, 1985) oder „den sumpfigen Niederungen, in denen Situationen ein chaotisches Durcheinander sind, das sich einer technischen Handhabbarkeit entzieht" (Schön, 1983) gesprochen.[10] Dies wird von den zuvor genannten Autorinnen und Autoren aber nicht so gewertet, das Pädagogische Argumentieren verwerfen zu müssen. Es wird stattdessen angeführt, dass das Pädagogische Argumentieren zu einer professionellen Praxis von Lehrpersonen gehört und bestimmte Unterrichtshandlungen bzw. den Gebrauch bestimmter Repräsentationen zwar nicht festlegt und auch keine „optimalen" Handlungen bzw. Repräsentationen sichert, aber wahrscheinlicher machen kann.

Das Pädagogische Argumentieren im engeren Sinne wird von den genannten Autoren auch im Zusammenhang mit dem Wissen von Lehrpersonen gesehen. Es wird angenommen, dass Lehrpersonen beim Pädagogischen Argumentieren zum Beispiel fachliches Wissen (etwa über den Unterrichtsstoff) und fachdidaktisches Wissen (etwa über Fehlvorstellungen der Schüler oder über den Lehrplan) anwenden (Loughran, 2019; Shulman, 1987). Neben dem formalen Wissen (wissenschaftlich abgesichert und üblicherweise im Rahmen der Ausbildung von Lehrpersonen behandelt) spielt laut Loughran (2019) aber auch subjektives und erfahrungsbezogenes Wissen eine besonders wichtige Rolle. Insgesamt kann dem Pädagogischen

---

[8] Bei Kavanagh et al. (2020) ist von „alternative courses of action" (S. 4) die Rede.

[9] Bei Loughran (2019) ist von „teaching procedures" (S. 523) die Rede.

[10] eigene Übersetzungen von „Pedagogical Dilemma" (Lampert, 1985, S. 182) bzw. „The swampy lowlands, where situations are confusing messes incapable of technical solution" (Schön, 1983, S. 42)

Argumentieren somit eine Vermittlerrolle zwischen dem Wissen von Lehrpersonen und dem Unterrichtshandeln zugeschrieben werden (siehe Einleitung).

Eine Herausforderung für die Forschung dabei ist, dass Lehrpersonen nur selten über ihren Unterricht sprechen und dabei anderen gegenüber die Überlegungen kundtun, die ihrem Unterrichtshandeln zugrunde liegen (Loughran, 2019). Hinzu kommt, dass das Denken der Lehrpersonen und das dabei genutzte Wissen teilweise als implizit (d. h. nicht bewusst) betrachtet werden muss (Polanyi, 1966). Einerseits hat aber die allgemeine Erforschung des Denkens von Lehrpersonen in den letzten Jahrzehnten gezeigt, dass es durchaus möglich ist, auch Denkprozesse und implizites Wissen zu modellieren und empirisch zu untersuchen (Craig et al., 2013; Day et al., 1993). Andererseits wird auch gar nicht beansprucht, dass das Pädagogische Argumentieren *alle* Entscheidungen erklären kann, die den Unterrichtshandlungen zugrunde liegen.

Noch gibt es kaum fachbezogene Modellierungen des Pädagogischen Argumentierens. Als eine der wenigen Modellierungen kann das (normative) „Framework of Pedagogical Reasoning in Mathematical Pedagogy" von Ball (1988) angesehen werden. Ausgangspunkt bei Ball ist die Frage, wie Repräsentationen fachlicher Inhalte (hier bezogen auf die Mathematik) von Lehrpersonen bewertet werden. Unter Repräsentation werden dabei genau wie bei Shulman sehr breit alle „Fragen, Aufgaben, Antworten, Modelle, Beispiele, und Aktivitäten" (ebd., S. 171) verstanden, insofern diese etwas Fachliches abbilden. Zur Bewertung werden von Ball verschiedene Kriterien vorgeschlagen, welche sich auf das Fach, die Lernenden, das Lernen und den Kontext beziehen. Für das Fach Mathematik wird genauer unterschieden zwischen „Mathematical warrants", „Warrants of learning theory ", „Warrants based on knowledge of students" und „Warrants of context" (ebd., S. 173 f.). Das Pädagogische Argumentieren im Sinne von Ball ist demnach der Prozess der gedanklichen Bewertung von Repräsentationen durch Argumente, die sich an den folgenden Kriterien orientieren.

Mathematical warrants: Laut Ball müssen geeignete Repräsentationen mathematische Konzepte fokussiert und vereinfacht abbilden können, ohne dabei zu sehr zu vereinfachen. D. h. die Repräsentationen sollen „epistemologisch angemessen" (ebd., S. 173) sein. Sie sollten sich insbesondere nicht nur auf Oberflächenmerkmale oder auf prozedurale Aspekte beschränken.

Warrants of learning theory: Hierbei bezieht sich Ball auf das Lernen von Mathematik. Repräsentationen sollen laut Ball auf zentrale mathematische Konzepte des Mathematikunterrichts fokussiert sein. Da mathematische Konzepte oft viele verschiedene Aspekte haben und Repräsentationen eines Konzepts immer nur einen oder wenige Aspekte aufgreifen können, muss außerdem bewertet werden, ob für das Lernen relevante Aspekte durch die Repräsentation abgebildet werden. Ein wichtiger Aspekt des Konzepts der Bruchzahlen zum Beispiel ist der Anteilsaspekt bzw. die Grundvorstellung „Anteil an einem Ganzen“ und es muss bewertet werden, ob bei einer Repräsentation von Bruchzahlen dieser, ein anderer wichtiger oder ein weniger wichtiger Aspekt abgebildet wird.

Warrants based on knowledge of students: Repräsentationen sollten nach Ball weiterhin danach bewertet werden, ob diese für die Schüler der Zielstufe zugänglich sind und wie hoch die damit verbundene Gefahr von Fehlvorstellungen ist. Um Gleichungen zu repräsentieren kann zum Beispiel mit dem Waagemodell gearbeitet werden (Zahlen sind demnach Gewichte, die links und rechts in der Waage liegen, Variablen sind unbekannte Gewichte). Einerseits könnte es problematisch sein, Gleichungen zu früh so zu repräsentieren, weil Gewichte und ihre Einheiten möglicherweise noch nicht hinreichend geläufig sind. Andererseits ist es ein Nachteil des Waagemodells, dass es Fehlvorstellungen hervorrufen kann, etwa dass sich Zahlen immer auf Gewichtsmaße beziehen.

Warrants of context: Schließlich führt Ball die Kriterien an, dass die Repräsentationen realistisch und kulturell angemessen sein sollten. Ball nennt das Beispiel, dass es nicht realistisch ist eine Million Flaschen zu sammeln (um die Zahl 1 000 000 zu repräsentieren), oder die Tatsache, dass „fair“ (etwa in Erklärungen der Division, wobei etwas fair verteilt wird) für Inuit-Kulturen eine andere Bedeutung hat als üblich: Jeder bekommt, was er oder sie benötigt, und nicht unbedingt die gleiche Menge (ebd.).

Ball geht bei ihren Ausführungen nicht genauer darauf ein, welches Wissen für das Pädagogische Argumentieren benötigt wird. Es lässt sich aus ihrer Definition der Kriterien aber ableiten, dass sicherlich fachliches Wissen einerseits und fachdidaktisches Wissen andererseits in Form von Wissen über Schülerkognitionen (insofern diese fachbezogen sind) eine Rolle spielen. In der Sprache der Konzeptualisierung von MKT (Ball et al., 2008) ließe sich dieses Wissen evtl. auch als CK (CCK und SCK) und KCS beschreiben (siehe Abschnitt 2.1.1). Ungeklärt ist, ob das hierbei notwendige fachdidaktische Wissen eher ein formales oder eher ein praktisches Wissen oder beides ist (siehe Unterscheidung weiter oben in diesem Abschnitt).

2.2.2 Empirische Forschung zum Pädagogischen Argumentieren

Um einen Überblick zu bekommen, in welche Richtungen die empirischen Forschungsbemühungen zum Pädagogischen Argumentieren gehen, wird im Folgenden eine Auswahl relevanter Studien entlang der nachstehenden Themen vorgestellt:

i. Pädagogisches Argumentieren von Novizen und Experten
ii. Förderung des Pädagogischen Argumentierens durch geeignete Lerngelegenheiten
iii. Wissensnutzung beim Pädagogischen Argumentieren
iv. Austauschgespräche zwischen Lehrpersonen zum Pädagogischen Argumentieren

i. *Pädagogisches Argumentieren von Novizen und Experten*
Insgesamt wird davon ausgegangen, dass das Pädagogische Argumentieren von angehenden Lehrpersonen (Novizen) im Gegensatz zu erfahrenen und besonders qualifizierten Lehrpersonen oder Dozierenden (Experten) noch gering ausgeprägt ist. Hierzu liegen vor allem aus dem Bereich der Naturwissenschaftsdidaktik empirische Befunde vor: Nilsson (2009) zeigt auf, dass Studierende des Primarschullehramts es oft nicht vermögen, Verbindungen zwischen Unterrichtshandeln und pädagogischen Überlegungen herzustellen. Zu ähnlichen Ergebnissen kommen Peterson & Treagust (1995). Neben einem mangelnden fachlichen und fachdidaktischen Wissen werden mangelnde Fähigkeiten beim Pädagogischen Argumentieren als Ursache für fachlich und fachdidaktisch verkürzte Entscheidungen gesehen (Zangori et al., 2013).

Unterschiede zwischen Novizen und Experten werden insbesondere durch Studien in der Mathematikdidaktik belegt: Borko & Livingston (1989) konnten anhand einer Fallstudie zeigen, dass das Pädagogische Argumentieren von Novizen im Vergleich zu Experten mit grossen Unsicherheiten belegt war, d. h., Novizen hatten oft Zweifel hinsichtlich der getroffenen Entscheidungen. Experten bezogen das Pädagogische Argumentieren außerdem viel mehr auf eine enge Auswahl von (fachlichen) Repräsentationen und deren Anordnung im geplanten Unterricht. Bei Novizen dagegen bezog sich das Pädagogische Argumentieren auf eine Vielzahl konkreter Unterrichtserlebnisse. Die Autorinnen sehen hierin auch eine Ursache dafür, dass Unterrichtsplanungen der Novizen oft viel zeitaufwendiger und weniger fokussiert sind (ebd.).

Das oben genannte „Framework of Pedagogical Reasoning in Mathematical Pedagogy" wurde von Ball (1988) ebenso genutzt, um das Pädagogische Argumentieren von Novizen und Experten im Rahmen einer Fallstudie einander gegenüber zu stellen. Ball stellte dabei fest, dass die untersuchten Novizen wenige und teilweise auch gar keine Argumente verbalisieren konnten, welche sich den entsprechenden Kriterien zuordnen ließen. Die untersuchte Expertin dagegen gab beim verbalisierten Pädagogischen Argumentieren (teilweise mehrere) Argumente zu allen Kriterien an. Auffällig laut Ball war auch, dass die mathematischen Argumente der Novizen fachlich problematisch oder unvollständig waren und eher auf die Anwendung von Rechenroutinen beschränkt blieben, während die Argumente der Expertin auf wesentliche mathematischer Konzepte bezogen waren. Auch die eher fachdidaktischen Argumente (zu „learning“, „students“ oder „context“) waren im Vergleich zu jenen der Expertin (falls vorhanden) oberflächlich und weniger auf eine konkrete Repräsentation bezogen.

Für das Pädagogische Argumentieren mit pädagogischen Argumenten konnten Tiilikainen et al. (2019) zeigen, dass sich elaborierte Formen des Pädagogischen Argumentierens auf ein breites Spektrum an pädagogischen Gründen beziehen und dass dabei sowohl die Möglichkeiten als auch die Einschränkungen beim Gebrauch von Repräsentationen abgewogen werden.

Auch wenn die Ergebnisse der Studien nicht ohne Weiteres auf andere Schulstufen und andere Fachdidaktiken übertragen werden können, deutet sich an, dass das Pädagogische Argumentieren (insbesondere im genannten engeren Sinn) eine wichtige Kompetenz von erfolgreichen Lehrpersonen ist, die von den angehenden Lehrpersonen noch erworben werden muss. Eine wichtige Frage ist daher, wie das Pädagogische Argumentieren von (angehenden) Lehrpersonen gefördert werden kann.

ii. *Förderung des Pädagogischen Argumentierens durch geeignete Lerngelegenheiten*

Die meisten empirischen Studien zum Pädagogischen Argumentieren beschäftigen sich damit, ob und wie Lerngelegenheiten (insbesondere in der Ausbildung von Lehrpersonen) das Pädagogische Argumentieren fördern können. Viele der Studien haben einen explorativen Charakter. Dabei werden häufig Fälle beschrieben, die eine Wirksamkeit der jeweiligen Lerngelegenheit nahelegen.

Kavanagh et al. (2020) zum Beispiel haben Vorgehensweisen einer Dozentin und eines Dozenten in Lehrveranstaltungen rekonstruiert, in welchen diese das Treffen von Entscheidungen zum Gebrauch von Repräsentationen mit angehenden Lehrpersonen thematisieren. Als Ergebnis konnten Kavanagh und Kollegen eine Reihe von Vorgehensweisen zusammentragen, welche die angehenden Lehrpersonen darin unterstützten, den Gebrauch von Repräsentationen innerlich abzuwägen. Ergebnisse von Kim et al. (2020) ergänzen die rekonstruierten Vorgehensweisen von Dozierenden um weitere Möglichkeiten. Die folgende Liste stellt eine Auswahl der zusammengetragenen Vorgehensweisen dar:

- Es können den Studierenden pädagogische Dilemmata aus dem Unterrichtskontext vorgelegt werden und es kann anschließend gefragt werden, wie es im Unterricht weiter gehen könnte und warum (Kavanagh et al., 2020).

- Es können den Studierenden Unterrichtsplanungen präsentiert werden, in denen die relevanten Argumente für oder gegen den Gebrauch der ausgewählten Repräsentationen explizit gemacht werden (Kavanagh et al., 2020).
- Studierende können den Auftrag bekommen, sich ihr Pädagogisches Argumentieren beim Planen des Unterrichts bewusst zu machen (Kim et al., 2020).
- Studierende können den Auftrag bekommen, das Denken der Schüler beim Planen des Unterrichts zu antizipieren (Kim et al., 2020).

Darüber hinaus wurde Shulmans „Model of Pedagogical Reasoning and Action" (siehe Beschreibung weiter oben) genutzt, um Aufträge für angehende Lehrpersonen zu formulieren, welche das Pädagogische Argumentieren fördern können (Peterson & Treagust, 1995). Insbesondere kann das Bearbeiten von unterrichtsrelevanten Aufträgen im „Lauten Denken" eine gewinnbringende Möglichkeit zur Förderung des Pädagogischen Argumentierens sein (Risko et al., 2009). Andrews-Larson et al. (2021) heben besonders die Bedeutung fachlicher Auseinandersetzungen mit dem Unterrichtsgegenstand hervor und dokumentieren deren positiven Einfluss auf das Pädagogische Argumentieren aus fachlicher Sicht (d. h. bezüglich der „mathematical warrants").

Auch Unterrichtserfahrungen von (angehenden) Lehrpersonen können als Ausgangspunkt für entsprechende Lerngelegenheiten zum Pädagogischen Argumentieren genutzt werden. Nilsson (2009) beschreibt den positiven Effekt einer Übung, in der Studierende dazu aufgefordert wurden, problematische Vorkommnisse des eigenen Unterrichts zu reflektieren. Positive Effekte werden außerdem Reflexionsaufträgen im Zusammenhang mit dem Konzipieren und Auswerten von Lernstandserhebungen bei Schülern zugeschrieben (Nguyen, 2020).

iii. *Wissensnutzung beim Pädagogischen Argumentieren*

Es wird in der Literatur zum Pädagogischen Argumentieren allgemein davon ausgegangen, dass dieses insbesondere auf dem Wissen der Lehrperson beruht (z. B. Shulman, 1987). Es geht in bisherigen Studien sowohl um die Rolle des subjektiven und erfahrungsabhängigen Wissens (im weiteren Sinne auch Überzeugungen und Werthaltungen) als auch um das professionelle Wissen, d. h. institutionelles Wissen, welches in der Gemeinschaft von qualifizierten Fachlehrpersonen, Fachdidaktikern oder Fachwissenschaftlern etabliert ist und geteilt wird.

Vor allem zur Rolle des subjektiven und erfahrungsabhängigen, nicht fachbezogenen Wissens wurde in den vergangenen Jahrzehnten intensiv geforscht. Der Diskurs hierzu wird größtenteils im englischen Sprachraum unter dem Begriff der *Praktischen Theorien* (in dieser Arbeit wörtlich übersetzt von „practical theory") von Lehrpersonen geführt. Darunter zu verstehen ist laut Handal & Lauvas (1987): „a person's private, integrated but ever-changing system of knowledge, experience and values which is relevant to teaching practice at any particular time“ (ebd., S. 9).

Bezogen auf Lehrpersonen sprechen Cornett et al. (1990) von Praktischer Theorie als deren erfahrungsbasierte Wissensansprüche über die Unterrichtspraxis. Statt von „practical theory“ haben andere Autoren in gleicher oder ähnlicher Bedeutung unter anderem die Begriffe „(personal) practical knowledge“, „practical reasoning“, „practical philosophy“ oder „theory of action“ benutzt – für einen Überblick siehe Levin & He (2008). Bisherige Forschungen konnten zeigen, dass die Praktischen Theorien von Lehrpersonen deren Pädagogisches Argumentieren und so schließlich deren Handeln beeinflussen (Chant, 2002; Cornett et al., 1990).

Im Zusammenhang der vorliegenden Arbeit besonders relevant sind allerdings Studien, welche sich auf die Nutzung des fachbezogenen Wissens beim Pädagogischen Argumentieren beziehen. Fasst man das Pädagogische Argumentieren in seiner weiten (Shulmanschen) Bedeutung auf, so könnten an dieser Stelle allein in Bezug auf die Mathematikdidaktik ebenfalls alle Studien zitiert werden, von denen schon im Abschnitt 2.1.2. Unterpunkt iv. die Rede war („Nutzung des fachlichen und fachdidaktischen Wissens durch (angehende) Mathematiklehrpersonen in typischen Anforderungssituationen“), auch wenn in diesen Studien der Begriff Pädagogisches Argumentieren nicht explizit auftaucht.

Auch in anderen Fachdidaktiken wurde die Nutzung des fachlichen und fachdidaktischen Wissens beim Pädagogischen Argumentieren rekonstruiert. Für die Geschichtsdidaktik hat Cunningham (2007) und für die Sprachdidaktik hat Elliott (1996) zum Beispiel einen Grounded-Theory-Ansatz verwendet, um das fachbezogene Wissen zu rekonstruieren, das während des Pädagogischen Argumentierens von Fachlehrpersonen genutzt wurde. Ein Ergebnis ihrer Analysen ist, dass diese Lehrpersonen zusätzlich zum Fachwissen fachdidaktisches Wissen aktiviert haben, wie zum Beispiel Wissen über die Vorstellungen der Schüler oder Unterrichtsstrategien.

Auffällig ist, dass Studien zur Nutzung des fachbezogenen Wissens eher auf das professionelle bzw. institutionelle Wissen fokussieren und nicht auf die Praktischen Theorien von Lehrpersonen. Außerdem ist es auffällig, dass es kaum Studien gibt, welche die Nutzung des fachlichen und fachdidaktischen Wissens – auf der Grundlage entsprechender Konzeptualisierungen – beim Pädagogischen Argumentieren im engeren Sinne untersuchen. In Bezug auf die Mathematkdidaktik lassen sich evtl. die Ergebnisse von Ball (1988) hinsichtlich der Nutzung des fachlichen und fachdidaktischen Wissens interpretieren (siehe Ausführungen Ende des Abschnitts 2.2.1).

iv. *Austauschgespräche zwischen Lehrpersonen zum Pädagogischen Argumentieren*
Das Pädagogische Argumentieren wurde im Abschnitt 2.1 aus kognitiver Perspektive eingeführt, d. h., dass es beim Pädagogischen Argumentieren um Denkprozesse von Lehrpersonen geht. Es ist aber auch eine soziale Perspektive auf das Pädagogische Argumentieren denkbar. Demnach geht es beim Pädagogischen Argumentieren um das (vor allem verbale) Kommunizieren von Argumenten für oder gegen den Gebrauch von Repräsentationen.

Horn (2005, 2010) etwa hat für die Untersuchung des Pädagogischen Argumentierens aus sozialer Perspektive die Austauschgespräche zwischen Mathematiklehrpersonen ausgewertet. Dabei hat Horn (2010) zum Beispiel festgestellt, dass die Lehrpersonen in den Gesprächen oft den erlebten Unterricht Revue passieren lassen, um anhand der Geschehnisse die Vor- und Nachteile von Repräsentationen abzuwägen und neu zu entwerfen. Dies zeigt, dass dem Pädagogischen Argumentieren nicht nur eine psychische, sondern auch eine soziale Realität zukommt.

2.3 Forschungsdesiderat

In Abschnitt 2.1 zum mathematikbezogenen fachlichen und fachdidaktischen Wissen und Abschnitt 2.2 zum Pädagogischen Argumentieren wurde bereits angedeutet, in welchen Bereichen es einen Bedarf an weiteren Forschungsarbeiten gibt. Es würde den Rahmen dieser Arbeit sprengen, die Forschungslücken in Bezug auf alle genannten Forschungsstränge darzustellen. Stattdessen wird im Folgenden der Forschungsbedarf zur Nutzung des fachlichen und fachdidaktischen Wissens beim mathematikbezogenen Pädagogischen Argumentieren nochmals zusammengefasst.

Bei den Darlegungen zur Erforschung der Nutzung des fachlichen und fachdidaktischen Wissens von (angehenden) Mathematiklehrpersonen wurde zwischen quantitativen und qualitativen Arbeiten unterschieden. Quantitative Arbeiten stellen den Bezug des Wissens zur Anforderung indirekt durch korrelative Betrachtungen her. Solchen Studien gehen in der Regel von einem zu testenden Modell bzw. einer zu testenden Hypothese der Wissensnutzung im Rahmen einer Anforderung aus, wie etwa die Anforderung der Unterrichtsreflexion bei Jeschke et al. (2021). Für die Einnahme einer konsequent kognitiven Perspektive müssen sich diese Modelle oder Hypothesen auf Repräsentationen von Denkprozessen bzw. von Wissen beziehen (Renkl, 2012). Nach gegenwärtigem Forschungsstand stellt es sich aber eher so dar, dass es nur wenige allgemeine Beschreibungen oder Modellierungen von professionellen Denkprozessen und dem dabei zu nutzenden fachlichen und fachdidaktischen Wissen gibt. Insbesondere gibt es keine quantitativen Forschungen zur Vermittlerrolle des Pädagogischen Argumentierens (vgl. Abschnitt 2.1.2. Unterpunkt iv.).

Wie in Abschnitt 2.1.2. Unterpunkt iv. weiter dargelegt, haben sich bisherige qualitative mathematikdidaktische Studien vor allem auf negative Auswirkungen eines mangelnden oder unvollständigen fachlichen und fachdidaktischen Wissens von Lehrpersonen auf deren Unterrichtsentscheidungen konzentriert. Insbesondere in Bezug auf das Pädagogische Argumentieren muss festgehalten werden, dass es noch kaum empirisch gestützte Kategorisierungen von mathematikbezogenen Denkprozessen des Pädagogischen Argumentierens gibt. Es ist auch bisher nicht untersucht worden, was Expertise in Bezug auf das mathematikbezogene Pädagogische Argumentieren und die damit verbundene Nutzung des fachlichen und fachdidaktischen Wissens ausmacht – und von welchen Bedingungen diese abhängt. Auffällig ist ebenfalls, dass mathematikdidaktische Studien zur Nutzung des fachbezogenen Wissens bisher eher das professionelle bzw. institutionelle Wissen fokussieren und nicht die Praktischen Theorien von Lehrpersonen, obwohl sich beide Wissensformen auf fachliches und fachdidaktisches Wissen beziehen können. Die vorliegende Arbeit widmet sich Fragen, welche auf die genannten Forschungslücken abzielen (siehe folgender Abschnitt 2.4). Dabei wird das fachliche und fachdidaktische Wissen bewusst weit gefasst, in dem Sinne, dass es sich auch auf subjektives und erfahrungsabhängiges Wissen beziehen kann.

Gegenüber der Studienlage in der Mathematikdidaktik werden in anderen Fachdidaktiken außerdem neue Tendenzen bei der Untersuchung der Nutzung des Wissens sichtbar (Arya et al., 2020; Mavhunga, 2020; Krepf et al., 2018; Masanek & Doll, 2020; Park & Chen, 2012; Tigelaar et al., 2017). Hierbei werden Daten oft zunächst qualitativ ausgewertet, um das genutzte Wissen zu rekonstruieren. Anschließend werden die Ergebnisse der qualitativen Auswertung quantifiziert. Außerdem werden sodann Muster der Nutzung rekonstruiert (Mavhunga, 2020; Park & Chen, 2012; Tigelaar et al., 2017). Dieses Vorgehen stellt eine interessante Möglichkeit dar, um die Nutzung des fachlichen und fachdidaktischen Wissens auch aus einer quantitativen Sicht explorieren zu können. Zum Beispiel kann so danach gefragt werden, welches Wissen in welchem Umfang (und nach welchem zeitlichen Muster) von verschiedenen Lehrpersonen genutzt wird. Von den genannten Studien wurde die vorliegende Arbeit methodisch teilweise inspiriert (siehe ebenfalls folgender Abschnitt 2.4).

2.4 Forschungsfragen in dieser Arbeit

In dieser Arbeit wird davon ausgegangen, dass sich das fachbezogene Pädagogische Argumentieren darauf bezieht, Repräsentationen von Fachinhalten und von fachlichen Tätigkeiten so auszuwählen, anzupassen und entsprechend zu sequenzieren, dass Lernende im Unterricht möglichst produktiv damit umgehen können. Als Repräsentationen werden wie bei Shulman hierbei alle Darbietungen fachlicher Inhalte und Tätigkeiten bezeichnet, zum Beispiel Aufgaben, Darstellungen, Erklärungen oder Fragen (Shulman, 1986, 1987). Unter dem mathematikbezogenen Pädagogischen Argumentieren von Lehrpersonen wird genauer das gedankliche Abwägen von mathematikbezogenen fachlichen und fachdidaktischen Argumenten für oder gegen den (intendierten) Gebrauch entsprechender Repräsentationen im Unterricht verstanden. Dies entspricht auch dem Verständnis des Pädagogischen Argumentierens bei Ball (1988).

Unter mathematikbezogenem fachlichem und fachdidaktischem Wissen wird in dieser Arbeit zunächst das CK und PCK der MKT-Konzeptualisierung von Ball et al. (2008) verstanden, d. h., es wird davon ausgegangen, dass sich das fachliche Wissen aus den Komponenten CCK, SCK und HCK, und das fachdidaktische Wissen aus den Komponenten KCS, KCT und KCC zusammensetzt. Anders als bei Ball et al. (2008) umfasst das fachliche und fachdidaktische Wissen in dieser Arbeit aber auch subjektives und erfahrungsbezogenes Wissen, insofern sich dieses Wissen den oben genannten Komponenten zuordnen lässt. D. h., wie bei Loughran (2019) und Shulman (1998) wird davon ausgegangen, dass sich das fachliche und fachdidaktische Wissen nicht nur auf institutionelles Wissen bezieht, das etwa in der Ausbildung erworben werden kann, sondern darüber hinaus auf individuellen und erfahrungsbasierten Wissenskonstruktionen (den fachbezogenen Praktischen Theorien) beruht. So wird es möglich, die Wissensnutzung beim Pädagogischen Argumentieren unabhängig von einer normativen Perspektive auf die Angemessenheit des Wissens zu untersuchen.

In dieser Arbeit soll untersucht werden, was Expertise in Bezug auf das mathematikbezogene Pädagogische Argumentieren und die damit verbundene Nutzung des mathematikbezogenen fachlichen und fachdidaktischen Wissens ausmacht. Es werden die folgenden Forschungsfragen untersucht:

F1: *Welche Unterschiede gibt es hinsichtlich der Nutzung des mathematikbezogenen fachlichen und fachdidaktischen Wissens beim mathematikbezogenen Pädagogischen Argumentieren von Novizen und verschiedenen Typen von Experten?*

F2: *Welche Denkprozesse des mathematikbezogenen Pädagogischen Argumentierens von Novizen und Experten können empirisch rekonstruiert werden?*

F3: *Welche Unterschiede gibt es hinsichtlich des mathematikbezogenen Pädagogischen Argumentierens von Novizen und Experten?*

Wie bereits in der Einleitung formuliert, steht bei der ersten Frage das mathematikbezogene fachliche und fachdidaktische Wissen von Novizen und verschiedenen

Typen von Experten (zum Beispiel Expertenlehrpersonen mit viel Erfahrung, mit mathematischer oder mathematikdidaktischer Zusatzqualifikation etc.) im Vordergrund und nicht das mathematikbezogene Pädagogischen Argumentieren selbst – dieses stellt vielmehr den Kontext der Wissensnutzung dar. Das Ziel der damit verbundenen Forschung ist es, empirisch nachzuweisen, dass die Nutzung der fachlichen und fachdidaktischen Wissenskomponenten mit den Qualifikationen und Erfahrungen der Lehrpersonen zusammenhängt. Folglich gibt es vermutlich nicht nur einen einzigen Ansatz für die Nutzung der Wissenskomponenten, sondern komplementäre Ansätze, die sich auf verschiedene Komponenten des fachlichen und fachdidaktischen Wissens beziehen.

Bei der zweiten Frage geht es um eine empirisch verankerte Beschreibung von Denkprozessen des mathematikbezogenen Pädagogischen Argumentierens. Es sollen die fachlichen und fachdidaktischen Argumente für oder gegen den Gebrauch fachlicher Repräsentationen rekonstruiert und kategorisiert werden. Hierdurch wird der Bezug zu den (intendierten) Unterrichtshandlungen hergestellt. Außerdem werden die Argumente zudem mit der Konzeptualisierung „Mathematical Knowledge for Teaching“ von Ball et al. (2008) in Verbindung gebracht. Das Ziel der Forschung zur zweiten Frage ist daher, die Vermittlerrolle des mathematikbezogenen Pädagogischen Argumentierens genauer zu beschreiben. Die Beantwortung der zweiten Frage stellt außerdem eine notwendige Vorbereitung für die dritte Forschungsfrage dar.

Bei der dritten Forschungsfrage geht es um einen Vergleich des mathematikbezogenen Pädagogischen Argumentierens von Novizen und Experten. Verglichen werden die im Rahmen der zweiten Frage rekonstruierten fachlichen und fachdidaktischen Argumente. Das Ziel der Arbeit ist, herauszufinden, welche fachlichen und fachdidaktischen Argumente von Novizen und Experten wie häufig mit dem (intendierten) Gebrauch bestimmter fachlicher Repräsentationen im Unterricht in Verbindung gebracht werden. Damit soll ein Beitrag geleistet werden, um zu klären, was Expertise in Bezug auf das mathematikbezogene Pädagogische Argumentieren ausmacht.

Die genannten Untersuchungen sind aus theoretischer und praktischer Sicht motiviert. Aus theoretischer Sicht haben die Untersuchungen das Potential, zur weiteren Klärung von Professionalität beim fachbezogenen Pädagogischen Argumentieren beizutragen und dabei Forschungslücken zu schließen (Abschnitte 2.1, 2.2 und 2.3). Die Relevanz dieser Untersuchungen ergibt sich aus der angenommenen Vermittlerrolle des mathematikbezogenen Pädagogischen Argumentierens zwischen dem entsprechenden fachlichen und fachdidaktischen Wissen und den zu gebrauchenden Repräsentationen mathematischer Inhalte im Unterricht (Abschnitt 2.2.1).

Aus praktischer Sicht könnten die Erkenntnisse der Untersuchungen helfen, geeignete Fördermaßnahmen für das fach- bzw. mathematikbezogene Pädagogische Argumentieren in der Aus- und Weiterbildung von Lehrpersonen zukünftig abzuleiten. Eine solche Förderung erscheint vor dem theoretischen Hintergrund zum Pädagogischen Argumentieren (Abschnitt 2.2.1), wie auch vor dem Hintergrund der bisherigen Ergebnisse aus empirischen Studien (Abschnitt 2.2.2) als wichtig. Und eine Förderung ist nur möglich, wenn hinreichend geklärt ist, was Expertise hierbei ausmacht. Des Weiteren könnte eine Förderung des fachbezogenen Pädagogischen Argumentierens bei angehenden Lehrpersonen helfen, das in der Ausbildung erworbene fachliche und fachdidaktische Wissen zu prozeduralisieren, um es später für Unterrrichtshandlungen in der Praxis verfügbar zu machen (Abschnitt 2.1.2). Nicht zuletzt könnten entsprechende Lernangebote in der Ausbildung einen positiven Einfluss auf den Wissenszuwachs bei den genannten Wissenskomponenten haben und die Kohärenzerfahrung von angehenden Lehrpersonen bzgl. der verschiedenen Wissenskomponenten erhöhen.

Neben der genannten theoretischen und praktischen Motivation gibt es auch methodische Aspekte. Das Ziel ist, bei der Beantwortung der Forschungsfragen geeignete methodische Wege aufzuzeigen. Es ist eine Herausforderung in der Mathematikdidaktik, die Nutzung von fachlichem und fachdidaktischem Wissen im Rahmen von kognitiven Prozessen zu rekonstruieren. Hierbei wurden in jüngerer Zeit in anderen Fachdidaktiken neue und innovative Wege beschritten (vgl. Abschnitt 2.3). Es wurden Daten oft zunächst qualitativ ausgewertet, um das genutzte Wissen zu rekonstruieren. Anschließend wurden die Ergebnisse der qualitativen Auswertung quantifiziert, um die Nutzung des fachlichen und fachdidaktischen Wissens auch aus einer quantitativen Sicht explorieren zu können. Ein solches Vorgehen wird im Rahmen der vorliegenden Arbeiten teilweise adaptiert.

Zusammenfassung der empirischen Studien 3

In Abschnitt 2.4 wurden die zu untersuchenden drei Forschungsfragen vorgestellt. Jede der drei Forschungsfragen wurde in einer eigenen Studie untersucht. Diese drei Studien werden in diesem Kapitel kurz zusammengefasst. Details zur ersten Studie finden sich in Pilous et al. (2023), Details zur zweiten Studie in Pilous & Leuders (unveröffentlicht) und Pilous et al. (2018), und Details zur dritten Studie in Pilous & Leuders (2023), vgl. Kapitel 5 (Publikationen). In der ersten Studie geht es um die Nutzung des mathematikbezogenen fachlichen und fachdidaktischen Wissens beim mathematikbezogenen Pädagogischen Argumentieren von Novizen und Experten (F1). In der zweiten Studie geht es um eine Rekonstruktion und Kategorisierung von Denkprozessen beim mathematikbezogenen Pädagogischen Argumentieren von Novizen und Experten (F2). Schließlich geht es in der dritten Studie um das mathematikbezogene Pädagogische Argumentieren von Novizen und Experten (F3) auf der Grundlage der Ergebnisse der zweiten Studie.

3.1 Erste Studie

Das Ziel der ersten Studie ist die Untersuchung des mathematikbezogenen fachlichen und fachdidaktischen Wissens, welches Novizen und verschiedene Arten von Experten beim mathematikbezogenen Pädagogischen Argumentieren nutzen (vgl. Abschnitt 2.3 zu den Forschungsdesideraten). Es soll empirisch belegt werden, dass die (vorrangige) Nutzung von bestimmten Wissenskomponenten wie z. B. KCS, KCC oder KCC (vgl. Ball et al., 2008) beim mathematikbezogenen Pädagogischen Argumentieren mit den Qualifikationen und Erfahrungen von Lehrpersonen

R. Pilous, *Die Rolle des fachlichen und fachdidaktischen Wissens beim Pädagogischen Argumentieren*, Freiburger Empirische Forschung in der Mathematikdidaktik, https://doi.org/10.1007/978-3-658-45622-1_3

zusammenhängt. Es soll gezeigt werden, dass es nicht einen einzigen Ansatz für die Nutzung fachlicher und fachdidaktischer Wissenskomponenten beim Pädagogischen Argumentieren gibt, sondern vielmehr komplementäre Ansätze, die auf verschiedene Komponenten des fachlichen und fachdidaktischen Wissens fokussieren.

In der Studie werden angehende Lehrpersonen ohne weitergehende Unterrichtserfahrung als *Novizen* bezeichnet. Bei den Experten werden drei Arten von Expertenlehrpersonen unterschieden: Als *Experten für Mathematikunterricht* werden sehr erfahrene Lehrpersonen bezeichnet, insofern diese neben der Tätigkeit in der Schule zudem für das Fach Mathematik als Praxislehrperson (Mentoren) für angehende Lehrpersonen fungieren. Als *Experten für Mathematikdidaktik* werden dagegen erfahrene Lehrpersonen bezeichnet, welche eine mathematikdidaktische Zusatzqualifikation aufweisen (Master oder Promotion in Mathematikdidaktik) und als Dozierende in der Ausbildung von Lehrpersonen tätig sind. Als *Experten für Mathematik* werden schließlich erfahrene Lehrpersonen bezeichnet, welche über eine Promotion in Mathematik verfügen und als Dozierende in der Ausbildung von Lehrpersonen tätig sind.

Basierend auf der Literatur wurden im Rahmen der ersten Studie die folgenden vier Hypothesen abgeleitet, welche anschließend untersucht wurden:

H1: Experten für Mathematikunterricht nutzen mehr KCT als Experten für Mathematikdidaktik und als Experten für Mathematik.
H2: Experten für Mathematik nutzen mehr CK als Experten für Mathematikdidaktik und als Experten für Mathematikunterricht.
H3: Experten für Mathematikdidaktik nutzen mehr KCC und KCS als Experten für Mathematikunterricht und als Experten für Mathematik.
H4: Novizen nutzen mehr KCT als die Expertengruppen.

3.1.1 Zusammenfassung der Methode

Insgesamt nahmen 32 Personen an der Studie teil. Darunter waren 12 angehende Primarlehrpersonen (Novizen) und 20 Lehrpersonen, welche zudem als Praxislehrpersonen bzw. als Dozierende in Fachdidaktik oder Fachwissenschaft Mathematik tätig waren (7 Experten für Mathematikunterricht, 6 Experten für Mathematikdidaktik und 7 Experten für Mathematik). Außer den Experten für Mathematik hatten alle Experten einen schwerpunktmäßigen Primarschulbezug.

Es wurden Interviewdaten mit der Methode des „Lauten Denkens“ erhoben (Leighton, 2017). Hierbei bekamen alle Studienteilnehmenden eine Aufgabe zur

Unterrichtsplanung, welche mathematikbezogenes Pädagogisches Argumentieren erforderte. Die Daten wurden im Hinblick auf die Verwendung von CK, KCS, KCT und KCC mittels „Qualitativer Inhaltsanalyse" ausgewertet (Mayring, 2010; Chi, 2002). Anschließend wurden die Häufigkeiten der jeweiligen Wissensnutzung bestimmt und statistisch ausgewertet, um Hinweise auf die Annahme oder Ablehnung der Hypothesen zu bekommen.

3.1.2 Zusammenfassung der Ergebnisse

Die Häufigkeit eines bestimmten Codes (CK, KCS, KCT, KCC und Restkategorie „OTHER") in einem Interview kann als Maß für die Nutzung einer jeweiligen Wissenskomponente interpretiert werden. Da die Längen der Interviews sowohl im Hinblick auf die Interviewdauer als auch hinsichtlich der Kodiereinheiten vergleichbar sind, ist es möglich, die Codehäufigkeiten der Teilnehmenden bzw. die Mittelwerte der Häufigkeiten in den Gruppen direkt zu vergleichen (anstatt relative Häufigkeiten zu betrachten). In der folgenden Tabelle 3.1 sind die entsprechenden Gruppen-Mittelwerte zur Nutzung einer jeweiligen Wissenskomponente abgebildet.

Tabelle 3.1 Mittelwerte der Code-Häufigkeiten (CK, KCS, KCT, KCC und OTHER), Standardabweichungen in Klammern

Code	Novizen	Experten für Mathematikunterricht	Experten für Mathematikdidaktik	Experten für Mathematik
CK	15.5 (12.65)	5.00 (4.69)	10.83 (5.27)	22.57 (8.81)
KCS	19.83 (7.67)	18.29 (9.78)	18.50 (5.05)	18.71 (5.77)
KCT	76.25 (25.03)	62.14 (21.54)	60.50 (24.01)	37.43 (14.10)
KCC	2.91 (3.15)	4.29 (5.22)	8.67 (7.17)	4.86 (3.24)
OTHER	18.17 (9.82)	23.57 (18.44)	18.16 (11.29)	21.57 (17.27)

Basierend auf den Daten und statistischen Auswertungen wird die Hypothese 1 teilweise unterstützt. Die Ergebnisse zeigen, dass die Experten für Mathematikunterricht mehr KCT nutzen als die Experten für Mathematik. Dagegen sind die Experten für Mathematikunterricht und die Experten für Mathematikdidaktik in dieser Hinsicht eher ähnlich. Hypothese 2 wird durch die vorliegenden Daten vollumfänglich bestätigt, d.h., Experten für Mathematik nutzen mehr CK als Experten für Mathematikdidaktik und als Experten für Mathematikunterricht. Zur Hypothese 3 liegen nicht genug Belege zu deren Annahme vor, d.h., es konnte nicht gezeigt werden, dass Experten für Mathematikdidaktik mehr KCC und KCS nutzen als Experten für Mathematikunterricht und Experten für Mathematik. Wird die Hypothese auf KCC eingeschränkt, so finden sich allerdings Hinweise in den Daten, dass die Hypothese mit mehr statistischer Power angenommen werden könnte. Schließlich unterstützen die Daten Hypothese 4, d.h. Novizen nutzen mehr KCT als die Expertengruppen (als Ganzes betrachtet). Bei den paarweisen Vergleichen zwischen den Gruppen im Rahmen einer Post-hoc-Analyse zur Hypothese 4 zeigt sich jedoch nur für den Vergleich der Novizen mit den Experten für Mathematik ein substantieller Unterschied.

Die Ergebnisse zeigen insgesamt wie unterschiedlich die Nutzung von Wissenskomponenten durch die Expertengruppen und Novizen verläuft. Bei den Experten kann die jeweilige Nutzung mit deren Qualifikationen und Erfahrungen in Verbindung gebracht werden. Auf der Grundlage der Ergebnisse ist es wahrscheinlich, dass es nicht einen einzigen Expertenansatz bei der Nutzung der Wissenskomponenten beim mathematikbezogenen pädagogischen Argumentieren gibt.

3.2 Zweite Studie

In der zweiten Studie werden Prozesse des mathematikbezogenen Pädagogischen Argumentierens untersucht. Es wurde in Abschnitt 2.1 beschrieben, dass es beim Pädagogischen Argumentieren im Sinne von Ball (1988) um die gedankliche Abwägung von Repräsentationen fachlicher Inhalte hinsichtlich ihres Gebrauchs im Unterricht geht. Hierbei werden Repräsentationen mit Argumenten für oder gegen deren Nutzung in Verbindung gebracht und es wird davon ausgegangen, dass diese Argumente unter anderem auch auf fachlichem und fachdidaktischem Wissen beruhen. Allerdings gibt es noch kaum empirisch gestützte Rekonstruktionen und Kategorisierungen solcher Denkprozesse bei Novizen- und Expertenlehrpersonen. Das Ziel dieser Studie ist daher eine solche Rekonstruktion und Kategorisierung von Denkprozessen des Pädagogischen Argumentierens von Novizen und Experten, insofern diese auf fachlichem bzw. fachdidaktischem Wissen basieren.[1]

[1] Das Ziel der ursprünglichen Studie geht über die hier beschriebenen Ziele hinaus. In der ursprünglichen Studie (vgl. Abschnitt 5.5) ist es das Ziel, allgemein Denkprozesse zu rekonstruieren, in denen Komponenten des fachlichen oder fachdidaktischen Wissens aufeinander bezogen werden. Die folgende Darstellung der zweiten Studie bezieht sich daher nur auf einen Ausschnitt, auch bei der Zusammenfassung der Ergebnisse.

3.2.1 Zusammenfassung der Methode

Die Stichprobengewinnung erfolgte im Sinne eines theoretischen Samplings (Strauss & Corbin, 1996) und im Sinne einer Maximierung der Varianz in den Daten (Patton, 1990). An der Studie nahmen schließlich sechs angehende Primarlehrpersonen (Novizen) und drei erfahrene und qualifizierte Mathematik-Lehrpersonen (Experten) teil.[2] Die Experten verfügten über ein Primar- oder Sekundarschullehrpatent und Unterrichtserfahrung und waren als Mathematikdidaktik-Dozierende tätig. Einer der Experten verfügte über einen Universitätsabschluss in Erziehungswissenschaften, während die beiden anderen Experten mit einer Promotion in Mathematikdidaktik qualifiziert waren.

Alle Studienteilnehmenden haben an einem halb-strukturierten und „auftragsbasierten" Interview teilgenommen (task-based-interviews, vgl. Biza et al., 2007, Ma, 1999). Bei diesem Interview gab es verschiedene Aufträge, welche laut Bass und Ball (2004) typisch sind für die Tätigkeit von Lehrpersonen und welche insbesondere das Pädagogische Argumentieren erfordern. Die Interviews und die darin enthaltenen Aufträge entsprechen einer Laborsituation. Diese Situation wurde gewählt, um das Denken der Studienteilnehmenden untersuchen zu können. Hierbei wurden die Teilnehmenden angewiesen, bei der Bearbeitung der Aufträge „laut zu denken". Außerdem wurden die Teilnehmenden nicht nach Begründungen oder Erklärungen ihrer Aussagen gefragt. Die Erhebung der Daten entspricht somit einer Form von Interviews mit Lautem Denken (Leighton, 2017).

Die Auswertung der Interviewdaten erfolgte in Anlehnung an die Grounded-Theory-Methode nach Strauss & Corbin (1996), welche angemessen ist für die empirisch-gestützte Rekonstruktion von Kategorien (in diesem Fall Kategorien von Prozessen des Pädagogischen Argumentierens). Hierbei wurden zunächst Stellen identifiziert, in denen nach Interpretation der Auswertenden auf fachliches oder fachdidaktisches Wissen zurückgegriffen wurde. Diese Stellen wurde sodann mit in-vivo entwickelten Codes kodiert. Die so entstandenen Codes wurden außerdem in Kategorien gruppiert. Hierbei entstanden im Rahmen der Methode des konstanten Vergleichs fachliche und fachdidaktische Wissenskomponenten, die am Datenmaterial (ausgehend von der sogenannten theoretischen Sensitivität, vgl. Abschnitt 2.1.1) entwickelt wurden. Mit der gleichen Methode wurden anschließend Prozesse des Pädagogischen Argumentierens rekonstruiert, indem danach gefragt wurde, ob und

[2] Im Text in Abschnitt 5.5 ist nur von den sechs angehenden Lehrpersonen die Rede. Die Studie wurde allerdings mit den genannten Experten wiederholt, wobei sich in Bezug auf die hier berichteten Ergebnisse keine anderen als die bereits entwickelten Codes und Kategorien ergeben haben.

allenfalls wie die interviewte Person eine Verbindung zwischen den Wissenskomponenten herstellt.

3.2.2 Zusammenfassung der Ergebnisse

Die rekonstruierten Wissenskomponenten stimmen mit Teilen mit der Konzeptualisierung von Ball et al. (2008) überein: CK, KCS, KCT und KCC.[3] Eine Unterscheidung von SCK und CCK konnte anhand der Daten allerdings nicht erfolgen. Darüber hinaus wurde die Nutzung von Pädagogischem Wissen (PK) (vgl. Bromme (1992) und Shulman (1987)) rekonstruiert. Basierend auf diesen Wissenskomponenten ergab sich die in Tabelle 3.2 dargestellte Beschreibung von Prozessen des mathematikbezogenen Pädagogischen Argumentierens.

Tabelle 3.2 Rekonstruierte Prozesse des mathematikbezogenen Pädagogischen Argumentierens

Prozess	Code
Der intendierte Gebrauch von Repräsentationen wird abgestützt durch Bezugnahme … … auf mathematische Aussagen.	KCT-CK
… auf mathematikbezogene Denk- oder Verhaltensweisen von Schülern	KCT-KCS
… zu mathematischen Anforderungen in Lehrplänen oder zu Gegebenheiten in Unterrichtsmaterialien des Mathematikunterrichts	KCT-KCC
… auf allgemeine Annahmen über Lehr-Lern-Prozesse	KCT-PK

In den rekonstruierten Prozessen des Pädagogischen Argumentierens wird Wissen über verfügbare Repräsenationen fachlicher Inhalte (bzw. über Abfolgen solcher Repräsentationen), d.h. KCT, verbunden mit fachlichem (CK), fachdidaktischem Wissen (KCS, KCC) oder pädagogischem Wissen (PK).[4] D.h., die jeweiligen Argumente („Abstützung“) werden mit den jeweiligen Wissenskomponenten explizit verbunden.

---

[3] Die Beschreibung der rekonstruierten Wissenskomponenten ist hier durch den Verweis auf die Komponenten von Ball et al. (2008) etwas vereinfacht wiedergegeben. Für eine detailliertere Darstellung siehe Abschnitt 5.5.

[4] Die in Tabelle 3.2 angeführten Prozesse werden teilweise im Abschnitt 5.5 an Beispielen aus Interviewtranskripten illustriert.

Die Studie zeigt insgesamt, welche fachlichen und fachdidaktischen Argumente bei der Auswahl von Repräsentationen eine Rolle spielen können und beschreibt, auf welchem fachlichen und fachdidaktischen Wissen diese beruhen.

3.3 Dritte Studie

In der dritten Studie wird untersucht, ob bzw. wie sich Experten und Novizen in Bezug auf die in der zweiten Studie rekonstruierten Prozesse des Pädagogischen Argumentierens unterscheiden. Bisher gibt es kaum empirische Studien, die zeigen, ob und allenfalls wie sich Expertenlehrpersonen gegenüber Novizen auszeichnen. Das Ziel der Studie ist das Generieren empirisch verankerter Hypothesen, welche in zukünftigen Forschungsvorhaben weiter untersucht werden können. Die Ergebnisse dieser und daran zukünftig anknüpfender Untersuchungen sollen dazu beitragen, Expertise hinsichtlich des fach- bzw. mathematikbezogenen Pädagogischen Argumentierens besser charakterisieren zu können und entsprechenden Handlungsbedarf für die Ausbildung von angehenden Lehrpersonen abzuleiten.

3.3.1 Zusammenfassung der Methode

An der Studie nahmen sieben angehende Primarlehrpersonen (Novizen) und sieben erfahrene Primarlehrpersonen mit mathematikdidaktischer Zusatzqualifikation teil (Experten für Mathematikunterricht). D.h., Experten für Mathematik und Mathematikdidaktik, siehe erste Studie, wurden nicht erneut untersucht. Die Experten hatten mehr als 10 Jahre Unterrichtserfahrung auf der Primarstufe und waren darüber hinaus als Praxislehrperson oder als Dozierende in der mathematikdidaktischen Ausbildung von Primarlehrpersonen tätig.

Aufgrund dieser Merkmale von Novizen und Experten wurde eine möglichst große Teilstichprobe aus der ersten Studie ausgewählt und reanalysiert. Hierbei wurden die Daten nun stattdessen im Hinblick auf die in der zweiten Studie rekonstruierten Prozesse des Pädagogischen Argumentierens mittels „Qualitativer Inhaltsanalyse“ ausgewertet (Mayring, 2010; Chi, 2002). Es wurden allerdings nur die ersten drei Prozesse kodiert. Denn schon in der zweiten Studie hatte sich angedeutet, dass der Prozess 4 (KCT-PK) nur sehr selten beobachtet wurde. Dafür wurde zusätzlich eine Restkategorie („OTHER“) kodiert. Anschließend wurden die Häufigkeiten der jeweiligen Prozesse pro Interview bestimmt und statistisch ausgewertet, um Hinweise auf empirisch verankerte Hypothesen zu gewinnen.

3.3.2 Zusammenfassung der Ergebnisse

Da die Längen der Interviews sowohl im Hinblick auf die Interviewdauer, als auch hinsichtlich der Kodiereinheiten vergleichbar sind (vgl. entsprechende Angaben bei der ersten Studie), ist es möglich, die Codehäufigkeiten der Teilnehmenden bzw. die Mittelwerte der Häufigkeiten in den Gruppen direkt zu vergleichen (anstatt relative Häufigkeiten zu betrachten). In der folgenden Tabelle 3.3 sind die entsprechenden Gruppen-Mittelwerte zu den Prozessen des Pädagogischen Argumentierens abgebildet.

Tabelle 3.3 Mittelwerte der Code-Häufigkeiten (KCT-CK, KCT-KCS, KCT-KCC, OTHER und für SUMME, d.h. die Summe von KCT-CK, KCT-KCS und KCT-KCC), Standardabweichungen in Klammern

	KCT-CK	KCT-KCS	KCT-KCC	OTHER	SUMME
Novizen	.57 (.79)	.71 (1.25)	0 (0)	1.14 (.90)	1.29 (1.38)
Experten	1.00 (.82)	6.29 (3.35)	1.14 (1.35)	1.43 (.79)	8.43 (3.82)

Gestützt auf starken Effekten (Pearson's r) nach Cohen (1992) und signifikanten Unterschieden zwischen den Mittelwerten als Indikatoren, können aus den Daten in Tabelle 3.3 die folgenden Hypothesen abgeleitet werden:

H1: Experten stützen den intendierten Gebrauch von Repräsentationen im Vergleich zu Novizen stärker ab durch Prozesse des mathematikbezogenen Pädagogischen Argumentierens (SUMME).

H2: Experten stützen den intendierten Gebrauch von Repräsentationen im Vergleich zu Novizen stärker ab durch Bezugnahme auf mathematikbezogene Denk- oder Verhaltensweisen von Schülern (KCT-KCS).

H3: Experten stützen den intendierten Gebrauch von Repräsentationen im Vergleich zu Novizen stärker ab durch die Bezugnahme auf Anforderungen in Lehrplänen oder zu Gegebenheiten in Unterrichtsmaterialien (KCT-KCC).

Die Ergebnisse zeigen insgesamt, dass das mathematikbezogene Pädagogische Argumentieren unter Novizen noch gering ausgeprägt ist. Insbesondere verweisen Novizen im Vergleich zu Experten weniger auf Argumente, die auf KCS und KCC beruhen.

4 Diskussion

4.1 Einordnung und Interpretation der Studienergebnisse

4.1.1 Erste Studie

Durch die erste Studie wird deutlich, dass sich Expertenlehrpersonen bei der Nutzung des entsprechenden fachlichen und fachdidaktischen Wissens im Rahmen des mathematikbezogenen Pädagogischen Argumentierens unterscheiden. Im Vergleich zu den jeweils anderen Expertengruppen nutzen Experten für Mathematikunterricht eher KCT, Experten für Mathematik eher CK und Experten für Mathematikdidaktik eher KCC. Nur die Nutzung von KCS ist bei allen Arten von Expertenlehrpersonen vergleichbar. Die Nutzung von KCT, KCC und CK kann folglich mit den Qualifikationen und Erfahrungen der Expertenlehrpersonen in Verbindung gebracht werden. Auf der Grundlage der Ergebnisse ist es wahrscheinlich, dass es nicht einen einzigen Expertenansatz bei der Nutzung der Wissenskomponenten beim mathematikbezogenen pädagogischen Argumentieren gibt, d. h. es scheint nicht möglich, Expertise beim mathematikbezogenen Pädagogischen Argumentieren durch die vorrangige Nutzung einer bestimmten Wissenskomponente zu charakterisieren.

Beim Vergleich von Novizen und Experten insgesamt zeigt sich, dass Novizen eher KCT nutzen. Dieses Ergebnis steht im Einklang mit der Annahme, dass Novizen wenig Erfahrung beim Pädagogischen Argumentieren haben und mehr an „praktischem Wissen“ (über im Mathematikunterricht nutzbare Repräsentationen) interessiert sind als an „theoretischem Wissen“ wie CK oder KCC (Nilsson, 2009). Denn KCT ist bereits „näher“ am sichtbaren Lehrverhalten, während die Nutzung der anderen Wissenskomponenten zuerst im Rahmen des Pädagogischen Argumentierens auf den Unterricht bezogen werden. Was die Novizen betrifft, so deuten die Ergebnisse eventuell darauf hin, dass deren mathematikbezogenes Pädagogisches

R. Pilous, *Die Rolle des fachlichen und fachdidaktischen Wissens beim Pädagogischen Argumentieren*, Freiburger Empirische Forschung in der Mathematikdidaktik, https://doi.org/10.1007/978-3-658-45622-1_4

Argumentieren geringer ausgeprägt ist und dies für sie folglich eine Kompetenz darstellt, die im Laufe der Professionalisierung noch erworben werden muss.

Die ähnliche Betonung von KCT durch Novizen und Experten für Mathematikunterricht bedeutet hingegen wohl kaum, dass diese Gruppen ähnlich sind. Experten für Mathematikunterricht beziehen sich vermutlich eher auf Repräsentationen mathematischer Inhalte, die gedanklich mit Argumenten für oder gegen ihren Einsatz in bestimmten Situationen verknüpft sind. Dagegen sehen Novizen nicht die Notwendigkeit, Repräsentationen mit Argumenten für oder gegen deren Einsatz zu verknüpfen bzw. solche Argumente auf der Grundlage von weiteren Wissenskomponenten zu entwickeln (Nilsson, 2009). Folglich wird erwartet, dass die Qualität des jeweiligen KCT und die genauere Bedeutung der Nutzung dieses Wissens große Unterschiede zwischen den Gruppen aufweist. Dies wird in der ersten Studie jedoch nicht gezeigt. Die Interpretationen der KCT-Unterschiede zwischen den Novizen und den Experten müssen daher vor dem Hintergrund der hinzugezogenen Literatur betrachtet werden. Bei der zusammenfassenden Interpretation in 4.1.4 wird hierauf nochmals Bezug genommen.

4.1.2 Zweite Studie

Die Studie zeigt insgesamt, welche fachlichen und fachdidaktischen Argumente bei der Auswahl von Repräsentationen eine Rolle spielen können und beschreibt, auf welchem fachlichen und fachdidaktischen Wissen diese beruhen. Bei den rekonstrierten Prozessen des mathematikbezogenen Pädagogischen Argumentierens wägen Lehrpersonen den potentiellen Gebrauch von Repräsentationen (KCT) ab durch Bezugnahme auf mathematische Aussagen (Nutzung von CK), auf mathematikbezogene Denk- bzw. Verhaltensweisen von Schülern (Nutzung von KCS), zu Anforderungen in Lehrplänen bzw. Gegebenheiten in Unterrichtsmaterialien (Nutzung von KCC) oder zu allgemeinen Lehr-Lern-Prozessen (Nutzung von PK).

Diese Ergebnisse zeigen, dass sich das im Theorieteil beschriebene Pädagogische Argumentieren (zum Beispiel bei Kavanagh et al. (2020) oder Loughran (2019)) auch in dieser Studie empirisch belegen und darüber hinaus durch den Einbezug der Wissenskomponenten CK, KCS und KCC fachbezogen (hier: mathematikbezogen) konkretisieren lässt. Die beschriebenen Prozesse können teilweise mit dem „Framework of Pedagogical Reasoning in Mathematical Pedagogy" von Ball (1988) in Einklang gebracht werden. Anders als in diesem Framework, wird in den genannten Prozessen auch die Nutzung der jeweiligen Wissenskomponenten CK, KCS und KCC angegeben. D. h., die Prozesse werden im Zusammenhang mit mathematikbezogenen Wissenskomponenten kategorisiert.

Die Prozesse verbinden den (intendierten) Gebrauch mathematikbezogener Repräsentationen für den Unterricht mit den entsprechenden fachlichen und fachdidaktischen Argumenten und den fachlichen und fachdidaktischen Wissenskomponenten. Hierdurch wird die Vermittlerrolle des mathematikbezogenen Pädagogischen Argumentierens auf der Basis empirischer Daten genauer beschrieben. Nicht zuletzt stehen mit den genannten Prozessen Kategorien zur Verfügung, die im Rahmen von empirischen Untersuchungen des fach- bzw. mathematikbezogenen Pädagogischen Argumentierens genutzt werden können, etwa um Experten und Novizen in dieser Hinsicht genauer vergleichen zu können.

Obwohl an der zweiten Studie Novizen und Experten teilnahmen, findet in der Studie kein Vergleich von Novizen und Experten statt. Der Einbezug von Novizen und Experten resultierte aus dem Anspruch, die Varianz in den Daten zu erhöhen und auf dieser Grundlage möglichst viele verschiedenen Prozesse des mathematikbezogenen Pädagogischen Argumentierens zu rekonstruieren. Denn die resultierende Kategorisierung soll auf ein möglichst breites Spektrum von Mathematiklehrpersonen bezogen werden können.

4.1.3 Dritte Studie

In der dritten Studie wurde die Kategorisierung aus der zweiten Studie für den Vergleich des mathematikbezogenen Pädagogischen Argumentierens von Novizen und Experten für Mathematikunterricht genutzt. Die Ergebnisse bestätigen im Anschluss an die erste Studie geäußerte Vermutungen, dass das mathematikbezogene Pädagogische Argumentieren unter Experten für Mathematikunterricht verbreiteter ist als bei Novizen. Insbesondere stützen Experten für Mathematikunterricht beim Pädagogischen Argumentieren den Gebrauch von Repräsentationen stärker ab durch Aussagen zu den mathematikbezogenen Denk- und Verhaltensweisen von Schülern (die Aktivierung von KCS) und durch Aussagen zu mathematischen Anforderungen in Lehrplänen bzw. zu Gegebenheiten in Lehrmitteln (die Aktivierung von KCC).

Die dritte Studie schließt sich bestehenden Studien an, die zeigen, dass das Pädagogische Argumentieren von Novizen im Vergleich zu Expertenlehrpersonen noch gering ausgeprägt ist (Borko & Livingston, 1989; Nilsson, 2009; Peterson & Treagust, 1995; Zangori et al., 2013). Im Unterschied zu diesen Studien zeigen die vorliegenden Ergebnisse im Einklang mit Ball (1988), dass dieser Befund insbesondere für Prozesse des fachbezogenen Pädagogischen Argumentierens (hier: auf der Grundlage von mathematikbezogenen Wissenskomponenten) Gültigkeit beanspruchen kann. Insbesondere spielt das KCS und KCC von Experten eine wichtige Rolle. Die dritte Studie deutet darauf hin, das dieses Wissen für das mathematikbezogene Pädagogische Argumentieren von besonderer Relevanz ist. Die Bedeutung von KCS und KCC deckt sich mit der Literatur zum Pädagogischen Argumentieren. Zum Beispiel hält bereits Shulman (1987) fest, dass die Auswahl und Anpassung bestehender Repräsentationen in Lehrmitteln zentral ist – und dass sich die Auswahl und Anpassung an den Lernenen orientiert.

Die Ergebnisse der dritten Studie bedeuten schließlich nicht, dass das mathematische Wissen irrelevant ist. Dies ließe sich angesichts der Forschungen zur Nutzung des fachlichen und fachdidaktischen Wissens auch kaum rechtfertigen (Ball, 1990, 1991; Ball et al., 2001; Even, 1993; Even & Tirosh, 1995; Leinhardt & Greeno, 1986; Ma, 1999; Speer & Wagner, 2009). Laut Ball (1988) spielen mathematische Argumente beim Pädagogischen Argumentieren vor allem eine Rolle, um die epistemologische Angemessenheit von Repräsentationen zu beurteilen. Da jedoch viele der von Experten für Mathematikunterricht gebrauchten Repräsentationen etabliert und aus gängigen Lehrmitteln entnommen sind, könnte es sein, dass diese Beurteilung im Rahmen des mathematikbezogenen Pädagogischen Argumentierens von Experten weniger oft vorkommt. Die Angemessenheit einer Repräsentation in Bezug auf die gegebene Situation (die Schüler, die Klassenstufe, die verwendeteten Lehrmittel etc.) ist dagegen variabler und muss vermutlich immer aufs Neue geklärt werden.

4.1.4 Zusammenfassende Interpretation

Durch die dritte Studie wird deutlich, dass der Umfang der Nutzung einer Wissenskomponente (vgl. erste Studie) für sich genommen noch kaum verwendet werden kann, um etwas über das mathematikbezogene Pädagogische Argumentieren auszusagen. In der ersten Studie zeigte sich, dass sowohl Novizen, als auch Experten für Mathematikunterricht vorrangig KCT nutzen. Durch die dritte Studie bestätigt sich die Vermutung, dass die beiden Gruppen in Bezug auf das mathematikbezogene Pädagogische Argumentieren dennoch sehr gut unterscheidbar sind. Das KCT der Experten ist stärker „vernetzt“ in dem Sinne, dass es mit fachlichen und fachdidaktischen Argumenten (KCS und KCC) untermauert wird. Die Novizen hingegen bemühen KCT ohne dieses im Rahmen des mathematikbezogenen Pädagogischen Argumentierens mit anderen Wissenskomponenten in Beziehung zu bringen. Daraus ergibt sich, dass die Novizen und Experten in der ersten Studie zwar den selben Auftrag in den Interviews bekommen haben, aber diesen jeweils anders verstanden haben. Streng genommen wurde daher in der ersten Studie nicht die Nutzung des Wissens beim Pädagogischen Argumentieren erforscht, sondern das im Rahmen einer Planungsaufgabe genutzte Wissen.

Zusammenfassend können die drei Studien so interpretiert werden, dass das fachbezogene Pädagogische Argumentieren eine wichtige Kompetenz von Expertenlehrpersonen ist. Durch die rekonstruierte Kategorisierung von Denkprozessen wird deutlich, welche fachlichen und fachdidaktischen Argumente eine wichtige Rolle spielen und wie diese zwischen dem entsprechenden Wissen und dem Gebrauch fachlicher Repräsentationen vermitteln können (zweite Studie). Dabei lässt sich Expertise beim mathematikbezogenen Pädagogischen Argumentieren wohl weniger durch die vorrangige Nutzung bestimmter Wissenskomponenten charakterisieren, als dadurch, wie intensiv diese Komponenten beim mathematikbezogenen Pädagogischen Argumentieren zu einander in Beziehung gesetzt werden (erste und dritte Studie).

4.2 Einschränkungen und weiterführende Forschungen

Im Folgenden werden Einschränkungen und weiterführende Forschungen zu den drei Studien besprochen. Diese sind für jede der Studien unterteilt entlang der nachstehenden Unterpunkte:

i. Stichprobe und Forschungsdesign,
ii. Fokus auf Mathematik,
iii. Auswertung.

4.2.1 Erste Studie

i. *Stichprobe und Forschungsdesign*: Offensichtlich wird die Nutzung der Wissenskomponenten durch den im Interview verwendeten Auftrag zur Unterrichtsplanung bzw. zum Pädagogischen Argumentieren beeinflusst. Es ist dennoch möglich die Unterschiede zwischen den Gruppen zu vergleichen (interindividuelle Unterschiede), da alle Teilnehmenden mit dem gleichen Auftrag konfrontiert wurden. Wie Bromme (1992) darlegt und wie weiter oben argumentiert wurde, kann ein Auftrag jedoch für Novizen und Experten Unterschiedliches bedeuten. Streng genommen wurde daher in der ersten Studie nicht die Nutzung des Wissens beim Pädagogischen Argumentieren erforscht, sondern das im Rahmen des gestellten Auftrags genutzte Wissen. In zukünftigen Untersuchungen könnte es hilfreich sein, die Verwendung von Aufträgen zusätzlich zu triangulieren und geeignetere Aufträge zur Erfassung des Pädagogischen Argumentierens zu bestimmen.

Es ist zu beachten, dass auf der Grundlage der Daten Hypothesen nicht generell verworfen werden können. Wegen der verhältnismäßig kleinen Stichprobe ist es nur möglich Hypothesen zu bestätigen, wenn (sehr) große Effektstärken vorliegen. Unterstützung von Hypothesen bei moderaten oder geringen Effektstärken würde größere Stichprobengrößen erfordern. In zukünftigen Forschungen könnten die Hypothesen daher mit größeren Stichproben getestet werden.

ii. *Fokus auf Mathematik*: Eine wesentliche Einschränkung ist der Fokus auf das Fach Mathematik. In der ersten Studie geht es ausschließlich um das mathematikbezogene Wissen nach Ball et al. (2008). Die dort formulierten und im Rahmen der Studie genutzten Wissenskomponenten könnten zwar prinzipiell auch auf andere Fächer bzw. fachdidaktische Disziplinen übertragen werden. Dennoch ist nicht klar, inwiefern sich die Ergebnisse der ersten Studie auf andere Fächer oder Schulformen übertragen lassen. Dies kann in zukünftigen Forschungsarbeiten untersucht werden. Auf diese Weise würden auch Gemeinsamkeiten und Unterschiede des jeweiligen fachbezogenen Pädagogischen Argumentierens deutlich werden.

iii. *Auswertung*: Die Operationalisierung der Wissenskomponenten erfolgt sehr unterschiedlich bezüglich des Abstraktionsgrads. Etwa ist die KCT-Komponente so operationalisiert, dass viel mehr Kodiereinheiten in den Interviews dieser Komponente zugeordnet werden können. Die Wissenskomponente KCC ist im Vergleich zu KCT dagegen sehr viel spezifischer und taucht aus diesem Grund in der Auswertung seltener auf. Da die Häufigkeiten der Wissenskomponenten sowohl von dem im Interview verwendeten Auftrag, als auch vom Abstraktionsgrad abhängen, können in Tabelle 3.1 nicht die Spalten (intraindividuelle Unterschiede), sondern nur die Zeilen (interindividuelle Unterschiede) ausgewertet werden. Zum Beispiel könnte die Tatsache, dass Novizen mehr KCT als KCC verwenden, ein Artefakt des Auftrags und des Abstraktionsgrades von KCT bzw. KCC sein.

4.2.2 Zweite Studie

i. *Stichprobe und Forschungsdesign*: Die Stichprobe wurde nur teilweise nach den Kriterien des theoretischen Samplings gewonnen (vgl. Strauss & Corbin, 1996). Es wurde erstens das Prinzip des maximalen Vergleichs angewendet, zum Beispiel Studierende mit guter/schlechter Leistung in Mathematik, mit hoher/niedriger Motivation, mit Bezug auf bereits belegte Lehrveranstaltungen, Quereinsteiger bzw. Bildungsweg etc. Außerdem wurde das Prinzip der theoretischen Sättigung angewendet, d. h. es wurden so lange Daten gesammelt, bis keine neuen Prozesse mehr rekonstruiert wurden. Dabei kann nicht garantiert werden, dass nicht doch weitere Prozesse rekonstruiert werden könnten, wenn weitere Daten gesammelt würden. Das Sampling wurde nicht in dem Sinne angewendet, dass in der Auswertung zuvor bereits erarbeitete Kategorien oder Konzepte für das daran anschließende weitergehende Sampling genutzt wurden. Es wurden außerdem Personen und nicht wie üblich Ereignisse in das Sampling einbezogen.

Durch die gewählte Erfassung der Daten können die fachlichen und fachdidaktischen Argumente in der Auswertung nur mit dem *intendierten* Gebrauch fachlicher Repräsentationen in Verbindung gebracht werden. Dabei ist unklar, wie sehr der intendierte Gebrauch und die echten Unterrichtshandlungen tatsächlich übereinstimmen. Evtl. könnte die Validität der Untersuchung noch dadurch gesteigert werden, dass in zukünftigen Untersuchungen der tatsächliche Gebrauch von Repräsentationen im Rahmen von Interviews im Nachhinein reflektiert werden soll (stimulated recall). Schliesslich muss betont werden, dass durch das gewählte Vorgehen nur bewusste Prozesse des mathematikbezogenen Pädagogischen Argumentierens rekonstruiert werden können (vgl. Abschnitt 2.2.1). In zukünftigen Forschungen kann zudem auf das implizite fachbezogene Pädagogische Argumentieren und die implizite Nutzung des fachlichen und fachdidaktischen Wissens fokussiert werden.

ii. *Fokus auf Mathematik*: Ähnlich zur ersten Studie stellt der Fokus auf Mathematik eine Einschränkung dar. Es ist nicht klar, inwiefern die rekonstruierten Prozesse nicht nur das mathematikbezogene, sondern (bei entsprechender Anpassung) auch allgemeiner das fachbezogene Pädagogische Argumentieren beschreiben können. Zum Beispiel geht es beim Pädagogischen Argumentieren in der zweiten Studie ausschließlich um Repräsentationen mathematischer Inhalte und Argumente für bzw. gegen deren Gebrauch im Mathematikunterricht, insofern diese Argumente auf mathematikbezogenem Wissen basieren. Nicht berücksichtigt werden Repräsentationen in anderen Schulfächern. Auch Argumente für oder gegen die Implementierung bestimmter Sozialformen oder Bewertungsmethoden im Mathematikunterricht etwa werden nicht weiter berücksichtigt.

iii. *Auswertung*: Ein Grundmerkmal des Grounded-Theory-Ansatzes ist eine interpretative und damit perspektivengebundene Vorgehensweise: Dem Ansatz zufolge ist jeder Auswertungsschritt an den Beobachter gebunden. Die Bestimmung einer Interrater-Reliabilität ist im Rahmen der Methode daher nicht vorgesehen. Aus forschungsmethodischer Sicht wichtiger ist die Nachvollziehbarkeit der Analyse, welche durch Beispielkodierungen aufgezeigt werden kann, und die Relevanz der

Ergebnisse.[1] Daraus folgt, dass die Ergebnisse der zweiten Studie nicht verallgemeinert werden können. Die erarbeitete Kategorisierung von Prozessen des mathematikbezogenen Pädagogischen Argumentierens muss sich viel mehr erst in der Forschungspraxis bewähren. Zum Beispiel zeigt die dritte Studie, dass die rekonstruierten Prozesse geeignet sind, um Novizen und Experten zu unterscheiden und trägt daher zu dieser Bewährung bei.

4.2.3 Dritte Studie

Die meisten der genannten Einschränkungen zur ersten Studie treffen auch für die dritte Studie zu. Es werden daher nur gegenüber der ersten Studie neue Einschränkungen aufgegriffen.

i. *Stichprobe und Forschungsdesign*: In der Stichprobe sind nur Novizen und Experten für Mathematikunterricht berücksichtigt. Die Motivation dafür war ursprünglich ein genauerer Vergleich dieser Gruppen. Denn in der ersten Studie zeigt sich, dass sich die beiden Gruppen bezüglich der Nutzung von KCT nicht unterscheiden lassen. Beim mathematikbezogenen Pädagogischen Argumentieren können hingegen nach der dritten Studie Unterschiede zwischen diesen Gruppen festgestellt werden. Es könnte jedoch zudem sein, dass sich die verschiedene Expertenlehrpersonen (Experten für Mathematikunterricht, Experten für Mathematikdidaktik und Experten für Mathematik) auch nochmals hinsichtlich der Prozesse des mathematikbezogenen Pädagogischen Argumentierens unterscheiden. Dies wurde in den vorliegenden Arbeit nicht kontrolliert. Es sollten daher zukünftig noch andere Typen von Experten in die Untersuchung einbezogen werden.

Aufgrund der kleinen Stichprobe, des explorativen Designs und der gewählten Methode, können die Ergebnisse der dritten Studie nicht repräsentativ oder verallgemeinerbar sein. Insbesondere um Unterstützung für Hypothesen bei moderaten oder schwachen Effektstärken zu erhalten (etwa für KCT-CK), wären größere Stichproben nötig. Die Ergebnisse der dritten Studie können in zukünftigen Forschungen weiter untersucht werden, zum Beispiel im Rahmen eines hypothesentestenden Designs.

iii. *Auswertung*: Es ist auch möglich, dass es Zusammenhänge zwischen dem professionellen CK oder PCK von Experten oder Novizen und ihrem mathematikbe-

[1] Beispielkodierungen sind in der Publikation der Studie zu finden. Die Relevanz ergibt sich aus den Desideraten und der Motivation zur Forschungsfrage im Theorieteil.

zogenen Pädagogischen Argumentieren gibt. Zum Beispiel ist es denkbar, dass das mathematikbezogene Pädagogische Argumentieren von Novizen schwächer ausgeprägt ist, da ihnen das dafür nötige professionelle CK und PCK fehlt. Auf Grundlage der Studie ist es jedoch nicht möglich, einen solchen Zusammenhang aufzeigen, da das verwendete Wissen nicht in Bezug auf dessen Qualität ausgewertet wurde, d. h. im Sinne von richtig/falsch bzw. angemessen/nicht angemessen (Ball, 1988, 1990, 1991; Ma, 1999; Even & Tirosh, 1995). Dies stellt jedoch einen interessanten Ansatzpunkt für zukünftige Forschungen zum mathematikbezogenen Pädagogischen Argumentieren dar.

4.2.4 Ausblick

Von besonderer Wichtigkeit für die zukünftige Forschung zum fachbezogenen Pädagogischen Argumentieren ist es, die Ergebnisse der explorativen dritten Studie weiter abzusichern. Hierzu gehört die Untersuchung anderer Fächer genauso, wie der Einbezug weiterer Expertengruppen (Experten für Mathematik und Experten für Mathematididaktik). So kann geklärt werden, inwiefern das fachbezogene Pädagogische Argumentieren bezogen auf verschiedene Fächer und Typen von Expertise Gemeinsamkeiten oder Unterschiede aufweist. Insbesondere können die Hypothesen der dritten Studie genutzt werden, um diese in einem hypothesentestenden Design auf Verallgemeinerbarkeit zu prüfen. Hierbei sollte die Stichprobe ausgeweitet werden, um auch Unterstützung für Hypothesen im Fall moderater oder geringer Effektstärken möglich zu machen.

Schließlich sollten in zukünftigen Studien auch Unterschiede in der Qualität des fachbezogenen Pädagogischen Argumentierens bei Novizen und Experten untersucht werden (vgl. Ball, 1988). Diese Untersuchungen sind jedoch mit der Herausforderung konfrontiert, dass es teilweise nicht einfach möglich ist, die Qualität zu bewerten. Zwar ist es einfach möglich, mathematische Aussagen als wahr oder falsch zu bewerten. Aber es ist schwieriger, Aussagen zu Denk- und Verhaltensweisen von Schülern als wahr oder falsch zu beurteilen. Noch schwieriger ist es, einzuschätzen, wie sehr diese Aussagen als Argumente für oder gegen den Gebrauch einer jeweiligen Repräsentation sprechen. Denn wie im Theorieteil dargelegt, kann das Pädagogische Argumentieren in der Regel nicht zu einer abschließenden Beurteilung kommen (bezüglich des Gebrauchs einer Repräsentation im Unterricht). Abgesehen von diesen möglichen Schwierigkeiten, stellt die gleichzeitige Untersuchung des professionellen fachlichen und fachdidaktischen Wissens und des fachbezogenen Pädagogischen Argumentierens eine vielversprechende Möglichkeit dar, Zusammenhänge zwischen beiden Konstrukten zu erforschen. Darüber hinaus sollte die Vermittlerrolle des fachbezogenen Pädagogischen Argumentierens zwischen dem professionellen fachlichen und fachdidaktischem Wissen einerseits und dem Gebrauch fachlicher Repräsentationen im Unterricht andererseits auch quantitativ beforscht werden.

Die genannten zukünftigen Forschungen zum fachbezogenen Pädagogischen Argumentieren haben das Potential, den Zusammenhang zwischen dem fachlichen und fachdidaktischen Wissen von Lehrpersonen und dem erfolgreichen Unterrichtshandeln weiter aufzuklären.

4.3 Mögliche Konsequenzen für die Aus- und Weiterbildung von Lehrpersonen

Eine geeignete Grundlage für die Modellierung der kognitiven Dimension von Unterrichtstätigkeiten im Rahmen der Ausbildung von Lehrpersonen stellt das Pädagogische Argumentieren dar (Kim et al., 2020; Kavanagh et al., 2020; Risko et al., 2009; Andrews-Larson et al., 2021; Nilsson, 2009). Allerdings wurden in der bisherigen Forschung keine fachbezogenen Modellierungen auf Grundlage des Pädagogischen Argumentierens und der damit verbundenen Nutzung fachbezogener Wissenskomponenten beschrieben. Insbesondere wurde nicht untersucht, was Expertise in Bezug auf das fachbezogene Pädagogische Argumentieren ausmacht.

Durch die Ergebnisse der drei Studien ist es möglich geworden, Expertise beim mathematikbezogenen Pädagogischen Argumentieren auf kognitiver Ebene zu beschreiben und diese daher im Rahmen der Aus- und Weiterbildung von Lehrpersonen zu fördern. Mit der vorliegenden Arbeit wurde für das Fach Mathematik etwa deutlich, dass Expertenlehrpersonen im Vergleich zu Novizen den Gebrauch von Repräsentationen mathematischer Inhalte stärker durch Bezugnahme auf mathematikbezogene Denk- bzw. Verhaltensweisen von Schülern (Nutzung von KCS) und Anforderungen in Lehrplänen bzw. Unterrichtsmaterialien (Nutzung von KCC) abstützen. Es ist daher sinnvoll, wenn Dozierende im Rahmen der Ausbildung von Lehrpersonen die Studierenden beim Pädagogischen Argumentieren in dieser Hinsicht fördern.

In der bisherigen Forschung zum Pädagogischen Argumentieren wurden Vorgehensweisen von Dozierenden rekonstruiert, mit denen die Fähigkeiten von angehenden Lehrpersonen zum Pädagogischen Argumentieren gefördert werden konnten (Kim et al., 2020; Kavanagh et al., 2020). Die dort genannten Vorgehensweisen könnten zum Beispiel wie folgt zu Lehrzwecken aufbereitet werden, um das mathematikbezogene Pädagogische Argumentieren zu fördern (vgl. Abschnitt 2.2.2.ii):

- Es können den Studierenden pädagogische Dilemmata aus dem Unterrichtskontext vorgelegt werden und es kann anschließend gefragt werden, wie es aufgrund von typischen Schwierigkeiten und Reaktionen von Schülern oder aufgrund von Anforderungen in Lehrmitteln dazu im Unterricht weiter gehen könnte, vgl. dazu Kavanagh et al. (2020).
- Es können den Studierenden Unterrichtsplanungen präsentiert werden, in denen entsprechende schülerbezogene oder curriculare Argumente für oder gegen die Nutzung der ausgewählten Repräsentationen explizit gemacht werden, vgl. dazu Kavanagh et al. (2020).
- Studierende können den Auftrag bekommen, sich ihr mathematikbezogenes Pädagogisches Argumentieren im obigen Sinne beim Planen von Unterricht bewusst zu machen, vgl. dazu Kim et al. (2020).
- Studierende können den Auftrag bekommen, das mathematikbezogene Denken der Schüler beim Planen von Unterricht zu antizipieren, vgl. dazu Kim et al. (2020).

Eine Förderung des mathematikbezogenen Pädagogischen Argumentierens in der Ausbildung könnte angehenden Lehrpersonen helfen, das erworbene fachliche und fachdidaktische Wissen zu prozeduralisieren, um es später in der Praxis besser verfügbar zu machen (Jeschke et al., 2021). Nicht zuletzt könnten entsprechende Lernangebote in der Ausbildung einen positiven Einfluss auf den Wissenszuwachs bei den genannten Wissenskomponenten haben und die Kohärenzerfahrung von angehenden Lehrpersonen bzgl. der verschiedenen Wissenskomponenten erhöhen.

Publikationen 5

5.1 Publikationsliste

Im Zusammenhang mit den Studien sind die folgenden Publikationen bzw. Manuskripte entstanden. Die Abkürzungen S1, S2, und S3 stehen für erste Studie, zweite Studie und dritte Studie und sollen bei einigen der Artikeln anzeigen, mit welchen Studien diese verbunden sind.

Beiträge in internationalen Journalen (mit peer-review)

S1 Pilous, R. & Leuders, T., & Rüede, C. (2023). Novice and expert teachers' use of mathematics-related knowledge during pedagogical reasoning. *Teaching and Teacher Education*, *129*, 104149. doi: https://doi.org/10.1016/j.tate.2023.104149

S3 Pilous, R., & Leuders, T. (2023). Novice and Expert Teachers' Content-Related Pedagogical Reasoning. *Research in Subject-Matter Learning and Teaching (RISTAL)*. *6*(1), S. 1–15. doi: 10.2478/ristal-2023-0001

Beiträge in Sammelbänden (mit peer-review)

S2 Pilous, R., Leuders, T. & Rüede, C. (2018). Investigating the relationship between prospective elementary teachers' math-specific knowledge domains. In G. J. Stylianides & K. Hino (Hrsg.), *Research advances in the mathematical education of pre-service elementary teachers* (S. 9–25). Springer. doi: https://doi.org/10.1007/978-3-319-68342-3_2

R. Pilous, *Die Rolle des fachlichen und fachdidaktischen Wissens beim Pädagogischen Argumentieren*, Freiburger Empirische Forschung in der Mathematikdidaktik, https://doi.org/10.1007/978-3-658-45622-1_5

Nicht zuvor veröffentlichte Beiträge

S2 Pilous, R., & Leuders, T. How Do Mathematics and Pedagogy Come Together? – Towards a Theory of Integration of Teacher Knowledge Components.

Beiträge in Tagungsbänden (mit und ohne peer-review)

- Pilous, R., Leuders, T., & Rüede, C. (2019). Integration des fachlichen und fachdidaktischen Wissens aus der Sicht von Novizen und Experten. In: A. Frank, S. Krauss & K. Binder (Hrsg.), *Beiträge zum Mathematikunterricht 2019* (S. 1367), WTM-Verlag.
- Pilous, R., Leuders, T., & Rüede, C. (2017a). Konstrukte des Zusammenhangs fachlicher und fachdidaktischer Wissensbereiche. In U. Kortenkamp & A. Kuzle (Hrsg.), *Beiträge zum Mathematikunterricht 2017* (S. 765–768). WTM-Verlag.
- Pilous, R., Leuders, T. & Rüede, C. (2017b). Integration des fachlichen und fachdidaktischen mathematikbezogenen Wissens in der Ausbildung von Primarlehrpersonen. *Dokumentation Tagung Fachdidaktiken von swissuniversities, 3*, S. 61–62.
- Pilous, R., Leuders, T., & Rüede, C. (2016). Untersuchung des Zusammenhangs mathematikbezogener fachlicher und fachdidaktischer Wissensfacetten bei angehenden Primarlehrpersonen. In: Institut für Mathematik und Informatik Heidelberg (Hrsg.), *Beiträge zum Mathematikunterricht 2016* (S. 747–750), WTM-Verlag.

Die Beiträge sind im Folgenden in dieser Reihenfolge abgedruckt (ausgenommen sind die Beiträge in Tagungsbänden).

5.2 Pilous et al. (2023): Novice and expert teachers' use of content-related knowledge during pedagogical reasoning

Abstract: We investigate the use of content knowledge and pedagogical content knowledge among 32 novices' and different types of experts' pedagogical reasoning, as exemplified in the field of mathematics education. Think-aloud interviews based on a planning task that required pedagogical reasoning were evaluated using verbal analysis. Our results show differences in the use of mathematics-related content knowledge and pedagogical content knowledge between novices and experts, as

well as between types of experts. We conclude that novices tend to emphasise knowledge of teaching procedures and that experts' use of knowledge is related to their respective qualifications and experiences.
Keywords: Pedagogical Reasoning, Content Knowledge, Pedagogical Content Knowledge, Teacher Qualifications, Expertise, Novices

5.2.1 Introduction

Shulmans' (1986) distinction between *content knowledge* (CK) and *pedagogical content knowledge* (PCK) as components of teachers' professional knowledge is one of the most influential ideas in educational research. Since then, much research has been carried out with respect to the conceptualisations and measurement of CK and PCK, where PCK is often defined by knowledge sub-components that it covers, such as knowledge of students' (mis)conceptions, curricular knowledge, or knowledge of teaching procedures (Depaepe et al., 2013; Hume et al., 2019; Van Driel & Berry, 2010). Notably, recent research also explores teachers' *use* of CK and PCK in specific teaching situations in order to better understand the relationship between these knowledge components and practice (Escudero & Sanchez, 2007; Krepf et al., 2018; Rieu et al., 2020; Tigelaar et al., 2017).

It appears particularly fruitful to investigate teachers' use of professional knowledge and how it influences practice by exploring teachers *pedagogical reasoning*, that is, the thinking that underpins their informed and professional practice (Loughran, 2019). Research on pedagogical reasoning assumes teaching to be much more than 'doing teaching'. Rather, teaching it is seen as teachers' constant choosing between alternative teaching procedures based on their professional knowledge (Shulman, 1987; Loughran et al., 2016; Loughran, 2019). Consequently, the investigation of teachers' pedagogical reasoning allows for a deeper understanding of teachers' professional knowledge that is related and relevant to their practice.

In extant studies, *practical theories of teaching* have mainly been used to address and investigate teachers' private and experienced-based knowledge and beliefs that impact their pedagogical reasoning and practice (Cornett et al., 1990; Karabon, 2021; Kettle & Sellars, 1996; Levin & He, 2008; Levin et al., 2013; Tiilikainen et al., 2019). Less is known about the use of content-specific knowledge during pedagogical reasoning, such as CK and PCK. While Shulman (1986, 1987) was early to state that knowledge about instructional strategies and representations and knowledge about students' (mis)conceptions and difficulties are at the heart of PCK and pedagogical reasoning, few studies have empirically reconstructed the content-related knowledge components that teachers use during pedagogical reasoning or empirically investigated teachers' use of (predefined) content-related knowledge components during pedagogical reasoning. For instance, exceptions are Cunningham (2007) in the field of history education, Elliott (1996) in the field of language education, Loughran et al. (2004) in the field of science education, or Sanchez & Llinares (2003) in the field of mathematics education. However, because most research focuses on one or only a few content-related (sub-)components of professional knowledge, there is still no clear picture of how the various components are at work in pedagogical reasoning.

To address the question of which knowledge components teachers use during pedagogical reasoning, it is instrumental to conduct empirical studies with expert teachers and reconstruct their use of knowledge components. It is common in expertise research to contrast novices and experts in order to understand the role of knowledge that underpins professional practice (Bromme, 1992; Glaser & Chi, 1988). To account for the diversity of expertise and its potential impact on the use of knowledge during pedagogical reasoning, it appears highly relevant in research to contrast the use of knowledge not only between novices and experts but also between different expertise groups (depending on qualifications and experiences). To our knowledge, there is no research that investigates these connections by systematically distinguishing between different content-related knowledge components and expertise profiles simultaneously.

We therefore investigate the use of CK and PCK that can be found with novices' and different types of experts' pedagogical reasoning, as exemplified in the field of mathematics education. It is our goal to provide empirical evidence that the predominant use of content-related knowledge components, such as knowledge of students' (mis)conceptions, curricular knowledge, or knowledge of teaching procedures, during pedagogical reasoning is related to teachers' prior qualifications and experiences. Consequently, there is likely not only a single approach regarding the use of content-related knowledge components in pedagogical reasoning but, rather, complementary approaches that focus on different components of content-related knowledge. Unraveling these approaches and their relationships to types of expertise may also provide insights relevant to promoting rich pedagogical reasoning in the context of teacher education; they may influence teacher educators cognitive modelling of lesson planning and teaching practices which has been found to be a significant mediator to the effect of their supervision to prospective teachers instructional skills (Mok & Staub, 2021). Although the context of our study is mathematics, we seek to contribute to a broader discussion by researchers in different school subjects and teacher education in general.

Conceptualisations of CK and PCK often refer to correct and institutionalised knowledge, which is assumed to be shared by the respective educational community. In this study, however, we use an existing conceptualisation of CK and PCK provided by Ball et al. (2008) but we do not assume that the knowledge must be correct from a normative point of view. We consider these components to also be comprised of incorrect, incomplete, subjective, or experience-based knowledge. Therefore, our approach combines research on professional CK and PCK with research on teachers' personal practical theories. This makes sense because prospective teachers still develop professional knowledge, and our study aims to contrast novice and expert teachers' use of content-related knowledge during pedagogical reasoning according to the frequencies with which CK and PCK are used (instead of focusing on the quality of CK and PCK). In the following, we define components of mathematics-related knowledge, pedagogical reasoning, and types of experts in teaching mathematics for the purpose of our study. Moreover, we discuss differences between novices and types of experts and state our research question and hypotheses.

Professional teacher knowledge

Shulman (1987) argued that professional teachers do not simply perform trained scripts of behavior during teaching. Instead, professional teachers are said to rely on knowledge that is necessary to come to reasoned decisions according to the selection of teaching procedures in each given situation. Following Shulman, the conceptualization of teachers' professional knowledge received much attention in educational research. Based on his seminal differentiation between CK and PCK (Shulman, 1986), much research has been carried out with respect to the (re-)conceptualisation and measurement of CK and PCK (Hume et al., 2019; Van Driel & Berry, 2010), particularly in the field of mathematics education (Ball et al., 2008; Blömeke et al., 2010b; Depaepe et al., 2013; Hill et al., 2004; Krauss et al., 2008).

In particular, the conceptualisation of *mathematical knowledge for teaching* (MKT) by Ball et al. (2008) is among the most influential in mathematics educational research (Berry et al., 2016; Depaepe et al., 2013). On the one hand, MKT includes CK, which is further divided into the sub-components of *common content knowledge* (CCK, which refers to mathematical knowledge that is also relevant in settings other than teaching), *specialized content knowledge* (SCK, which refers to mathematical knowledge that is only relevant to mathematics teachers), and *horizon content knowledge* (HCK, which refers to mathematical knowledge about the connectedness of mathematical topics). On the other hand, MKT includes PCK, which is further divided into the sub-components of *knowledge of content and students* (KCS, which refers to knowledge about students' mathematical thinking or behavior), *knowledge of content and teaching* (KCT, which refers to knowledge about the design of mathematics-related instruction), and *knowledge of content and curriculum* (KCC, which refers to knowledge about mathematics-related instructional materials and teaching standards).

Pedagogical Reasoning

In order to investigate the use of such different knowledge components for teaching, a framework is needed that specifies situations of knowledge use. In this study, we adapt the concept of pedagogical reasoning because it allows for a deeper understanding of teachers' knowledge and its relationship to their practice. According to Loughran (2019), in contexts of practice, teachers essentially rely on knowledge about teaching procedures. A *teaching procedure* can be described as an activity by the teacher with the intention of transforming subject matter to make it comprehensible to students. In a more narrow sense, we describe a teaching procedure in Shulman's (1987) terms as a sequence of *representations*, such as 'analogies, metaphors, examples, demonstrations, explanations, and so forth' (p. 15), which can be used by the teacher to present the subject-matter to the students. Hence, in this context, the term „representation" is used to refer to an external (visible or tangible) production – as opposed to an internal (mental) construction (Amador et al., 2022; Goldin, 2020) – that can support students' subject-specific learning (Dreher et al., 2016; Erduran & Kaya, 2018).

In a given situation, however, teachers must often decide between multiple (more or less equally reasonable) alternatives of teaching procedures. In educational research, teachers' thinking according to the selection of teaching procedures is referred to as *pedagogical reasoning* (Kavanagh et al., 2020; Loughran et al., 2016; Loughran, 2019). In pedagogical reasoning, teachers are particularly supposed to apply content-related knowledge (e.g., of subject matter, students' mis-conceptions, or the curriculum) in order to attach teaching procedures to arguments that help to decide which teaching procedure is suitable in a given situation (Loughran, 2019; Shulman, 1987). It can be considered to be a broadly accepted assumption that teachers' pedagogical reasoning is based on such knowledge.

Currently, it is subject to research how to study and foster the pedagogical reasoning ability of prospective teachers (Kavanagh et al., 2020). Regarding the use of content-related knowledge during pedagogical reasoning, previous research has been carried out with (prospective) teachers across many different fields of education (Loughran et al., 2016). However, few studies have empirically reconstructed the knowledge components that teachers use during pedagogical reasoning or empirically investigated teachers' use of (predefined) knowledge components during pedagogical reasoning (see above). Within the field of mathematics education, empirical research has mainly focused on the question of how the pedagogical reasoning ability of (prospective) teachers can be supported by learning opportunities regarding the construction of task sequences (Andrews-Larson et al., 2021) or regarding the planning of teaching (Kim et al., 2020), as well as how pedagogical reasoning ability is itself affected by prior subject matter knowledge (Sanchez & Llinares, 2003) or interactions among teacher colleagues (Horn, 2005, 2010). A few (rather early) studies have compared the mathematics-related pedagogical reasoning among different expertise groups (Borko & Livingston, 1989; von Minden & Walls, 1998). Despite the mentioned efforts in extant studies, it remains to current and future research to contrast the use of CK and PCK (and its various sub-components) between novices and varying expertise groups during pedagogical reasoning, particularly in the field of mathematics education.

Novices and experts

As outlined above, we seek to investigate the use of CK and PCK among novices and different expertise groups during pedagogical reasoning, as exemplified in the field of mathematics education. Who can be considered a novice or an expert? On the one hand, prospective teachers (in the first phase of teacher education) are often considered novices (Bromme, 1992). Prospective teachers have not completed their training in teacher education and have little experiences in teaching and pedagogical reasoning. On the other hand, it is not obvious who qualifies as an expert. According to Bromme (1992), experts cope with so-called knowledge-rich tasks, such as pedagogical reasoning, via the activation of professional knowledge. Because pedagogical reasoning is a reflexive activity, teachers who also serve as teacher educators are appropriate candidates to serve as experts. Teachers who also serve as teacher educators are the canonical counterpart to prospective teachers in the setting of teacher education. These experts can be assumed to have professional knowledge available and be experienced in teaching and pedagogical reasoning.

According to Murray et al. (2009), teacher educators differ with respect to their university degree (e.g., BA/MA in elementary or secondary education, MA in education, mathematics, or mathematics education), research (e.g., PhD in mathematics, mathematics education, or a related field), years of experience (in school and/or teacher education), and respective functions in teacher education programs. In teacher education, teachers with a BA/MA in elementary or secondary education and many years of teaching experiences are often assigned to supervise prospective teachers in the field. These teachers rarely have additional academic or mentoring qualifications and often do not see themselves as teacher educators (Feiman-Nemser, 1998). In the following, we call these teachers (who supervise mathematics teaching) *experts in teaching mathematics*. In the literature, they are also called school-based teacher educators or mentoring teachers. Moreover, there are teacher educators with a strong background in a subject or with a strong background in educational research

(Murray et al., 2009). These teacher educators may also hold additional academic qualifications, such as a PhD in mathematics or mathematics education. We simply call them *experts in mathematics* and *experts in mathematics education*. Experts in mathematics often conduct subject-matter courses, whereas experts in mathematics education often conduct methods courses or research colloquia.

Differences between novices and expert groups

How do novices and the various experts compare with respect to the use of CK and PCK during pedagogical reasoning? Which of the knowledge sub-components of PCK differentiated by Ball and colleagues (see above) are likely to be emphasised by novices and the expert groups discussed above? Firstly, we refer to potential differences between experts in teaching mathematics, experts in mathematics, and experts in mathematics education (based on their respective qualifications and experiences). Secondly, we refer to potential differences between novices and experts in general.

Experts in mathematics teaching likely have much more teaching experience than the other experts. According to Shulman (1986), they must have at hand a rich repertoire of teaching procedures. As a consequence, these experts may routinely refer to refined teaching procedures (KCT) and experience-based knowledge about students' (mis-)conceptions and typical errors (KCS). Due to their well-reflected experiences, CK, KCS, and KCC have already been used during past reflections regarding the use of teaching procedures. Therefore, these experts' selection of teaching procedures in a given situation can be considered a 'sub-conscious process' (Loughran, 2019, p. 530). Hence, compared to the other groups of experts, it is expected that experts in mathematics teaching will tend to use more KCT when confronted with tasks that require pedagogical reasoning, such as lesson planning.

Experts in mathematics have extensive CK in mathematics but fewer teaching experiences (Murray et al., 2009). However, these experts are also experienced in pedagogical reasoning. Therefore, these experts likely arrive at decisions with respect to the use of teaching procedures mainly via the use of CK and further knowledge from the KCS or KCC component. Compared to other groups of experts, it is reasonable to assume that experts in mathematics will use more CK in pedagogical reasoning. This assumption is in line with Watson & Barton (2011), who argue that these experts mainly enact mathematics in planning and teaching situations.

Experts in mathematics education are literate in the field of mathematics education as a research discipline but also have fewer teaching experiences (Murray et al., 2009). Possibly, these experts also arrive at decisions with respect to the use of teaching procedures via the use of various research-based knowledge about teaching. Research in mathematics education is concerned with various aspects of learning and teaching mathematics. Particularly, experts in mathematics education are interested or involved in the research-based reconstruction of students' mathematics-related (mis)conceptions and typical errors and the research-based construction of teaching standards, textbooks and other materials designed to support mathematics teachers. Based on this, it can be assumed that experts in mathematics education more often emphasise KCC and KCS during pedagogical reasoning as compared to the other groups of experts. Because experts in mathematics teaching are also experienced in dealing with students (mis-)conceptions and typical errors, however, the assumption must be weakened regarding the use of KCS.

Because novices have little experience in pedagogical reasoning, they may be more likely to use KCT in reaction to tasks that require pedagogical reasoning instead of providing arguments based on further knowledge. This assumption is in line with Nilsson (2009), who reports that novices are often interested in practical knowledge (e.g., about teaching procedures). Nilsson also argues that more theoretical knowledge (such as CCK or KCC) is often experienced as not useful by novices and they tend to focus on doing rather than pedagogical reasoning. In summary, for novices, it can be assumed that they predominantly display KCT in reaction to tasks that require pedagogical reasoning.

With respect to the use of KCT, the difference between novices and experts in teaching mathematics may be smaller than the difference between novices and experts in mathematics or the difference between novices and experts in mathematics education. However, this does not mean that novices and experts in teaching mathematics are similar. The reasons why novices and experts in teaching mathematics use KCT is another: experts in teaching mathematics refer to well-refined teaching procedures (Loughran, 2019), whereas novices assumably do not see the necessity of providing arguments for or against the use of teaching procedures based on further knowledge (Nilsson, 2009). Consequentially, the quality of their KCT can be expected to show large differences.

In summary, it can be assumed that the predominant use of knowledge components during pedagogical reasoning is dependent on experts' qualifications and experiences. Moreover, novices tend to focus on doing rather than pedagogical reasoning. Therefore, they may predominantly display KCT in reaction to tasks that require pedagogical reasoning.

Research question and hypotheses

To state our research question and hypotheses, we build on the MKT conceptualisation of Ball et al. (2008) and distinguish between CK, KCS, KCT, and KCC. Because it is not always easy to distinguish between SCK and other sub-components within the MKT conceptualisation, both on a theoretical level (Petrou & Goulding,

2011) and on an empirical level (Copur-Gencturk, 2022), and to avoid corresponding difficulties during data analysis, we do not explicitly distinguish between the sub-components of CCK, SCK and HCK within this study.

The conceptualisation of Ball and colleagues focuses on the knowledge that teachers need to know in order to carry out the work of teaching mathematics successfully. In this study, we use the conceptualisation to refer to different components of teachers' knowledge; however, we do not assume the knowledge (sub-)components to be restricted to knowledge that is correct from a normative point of view. We consider these components to also be comprised of incorrect, incomplete, subjective, or experience-based knowledge. Therefore, our approach combines research on professional CK and PCK with research on teachers' personal practical theories.[1] This procedure makes sense because prospective teachers still develop professional knowledge. Moreover, KCT is possibly often acquired on the basis of experience. In addition, it is scarcely possible to label the (intended) use of teaching procedures in a situation as clearly appropriate or not. Consequently, we do not study the quality of knowledge used by novices or experts. Rather, we seek to investigate what group uses *what* knowledge component more or less often compared to other groups.

Based on the mentioned considerations we are now able to pose our question of research: *How do novice teachers, experts in mathematics teaching, experts in mathematics and experts in mathematics education differ with respect to the predominant use of knowledge components (CK, KCS, KCT and KCC) during pedagogical reasoning?*

According to the expert approach by Bromme (1992), experts' use of knowledge in activities such as pedagogical reasoning can be related to their specific knowledge. Therefore, we derive hypotheses about differences between the expert groups based on their prior qualifications and experiences (H1–H3, see below), as discussed in the previous section.

To formulate our hypothesis concerning the differences between novices and experts in general, it is not possible to start with novices' prior qualifications and experiences. They have no relevant qualifications and hardly any teaching experience, so their use of specific knowledge components cannot be related to particular qualifications and experiences. Because novices presumably do not see the necessity of providing arguments for or against the use of teaching procedures based on content knowledge, student-related knowledge, or curricular knowledge (as discussed in the previous section), however, there is justification for the hypothesis that,

[1] Cornett et al. (1990), for instance, defined practical theories of teaching as teachers' claims to knowledge about teaching practice that are based on experiences (see also Introduction).

compared to experts in general, novices predominantly display KCT in response to tasks that require pedagogical reasoning (H4, see below).

H1: Experts in mathematics teaching use more KCT than experts in mathematics and experts in mathematics education during pedagogical reasoning.
H2: Experts in mathematics use more CK than experts in mathematics teaching and experts in mathematics education during pedagogical reasoning.
H3: Experts in mathematics education use more KCC and KCS than experts in mathematics teaching and experts in mathematics during pedagogical reasoning.
H4: The novices use more KCT than the expert groups.

5.2.2 Method

In this study, we collected interview data in the form of think-aloud protocols in reaction to a task that requires pedagogical reasoning. The data are analysed with respect to the use of CK, KCS, KCT, and KCC by means of verbal analysis (Chi, 2002). Verbal analysis also entails the quantification of qualitative codings, which can be used to support inferences regarding the acceptance or rejection of our hypotheses, as stated above.

Design
In contexts of practice, teachers' pedagogical reasoning and use of knowledge is mental work and thus unobservable (Loughran, 2019). Hence, for these constructs, any method of data acquisition is confronted with the challenge of providing observable indicators of a construct that is principally unobservable. The use of CK, KCS, KCT, and KCC during pedagogical reasoning can hardly be captured via an instrument that 'measures' the respective use of knowledge components directly by providing quantitative data. Rather, we assume it to be appropriate to collect data by means of individual verbal responses to suitable questions used as stimuli. Subsequently, these data can be analysed with respect to the research question. In this study, think-aloud interviews are used so that research participants can verbalise their pedagogical reasoning. According to Leighton (2017), think-aloud interviews are adequate to providing the means to identify mental processes, participants pedagogical reasoning in this case.

Participants

We consider prospective primary teachers in the first phase of teacher education to be *novices*. We chose to focus on prospective teachers in the first phase of teacher education because they have not completed their training in subject-matter education and have few experiences in teaching and pedagogical reasoning. The novices who participated in our study were all Bachelor's students in the first year of preparation within a teacher education program in the german-speaking part of Switzerland. With respect to mathematics education, participants had completed at least one course and a maximum of two out of four content-related courses (mathematics and mathematics education). Participants had not entered the practical training phase yet.

According to the experts, we use prior qualifications to differentiate between three groups with different types of expertise. (1) *Experts in teaching mathematics* are experienced mathematics teachers in primary classes (more than 10 years) who obtained a teaching certificate (typically a BA in primary education) and received some further training in order to serve as a practice mentor for prospective primary teachers during teacher education. (2) *Experts in mathematics education* are experienced primary mathematics teachers (more than 5 years) who obtained a teaching certificate and a university degree in mathematics education (MA or PhD); serve as a lecturer in a teacher education program; and are involved in the construction of teaching standards, textbooks, or other materials that are designed to support mathematics teachers. (3) *Experts in mathematics* are experienced mathematics teachers (more than 5 years) who obtained a teaching certificate (regardless of primary or secondary education) and a PhD in mathematics and serve as lecturers in teacher education programs.

The data were derived from 32 participants: twelve participants were novices and 20 participants were experts (seven experts in teaching mathematics, six experts in mathematics education, and seven experts in mathematics). Given the large effort that the verbal analysis entails, the sample represents a compromise so as to obtain a manageable amount of data.

All subjects voluntarily participated in the study. We sent invitation e-mails to a large number of potential candidates. The selection of participants took place in the order in which they responded to our e-mail. Additionally, we sought to balance the sample with respect to a) the expert group sizes and b) the novices' outcomes on a previous examination in mathematics and motivation to teach mathematics. Regarding the experts, we scanned the websites of schools of education in the german-speaking part of Switzerland in order to identify eligible persons or contact persons.

Due to the low response rates, we included three persons in the group of experts in teaching mathematics who did not meet all the conditions. These persons were experienced mathematics teachers in primary classes for more than five years (instead of more than 10 years of teaching experience; all other conditions apply). Moreover, one person in the group of experts in mathematics held a PhD in physics instead of mathematics (all other conditions apply).

Tabelle 5.1 Study Participants

	Novices	Experts in teaching mathematics	Experts in mathematics education	Experts in mathematics
Sample size	12	7	6	7
Assigned sex	Female (9), male (3)	Female (5), male (2)	Female (3), male (3)	Female (5), male (2)
Mean age (SD)	21.33 (4.35)	45.71 (8.05)	50.33 (9.68)	51.14 (7.73)
Teaching certificate	None	Primary education	Primary education	Secondary education
Teaching experience	None	More than five years (three with more than 10 years)	More than five years	More than five years
Highest academic qualification (of all participants in the subgroup)	None	BA (primary education)	MA (mathematics education or related field	PhD (mathematics or physics)

In addition to Tabelle 5.1 (and the information presented above), the following details on the subjects are relevant. Among the novices, six participants had completed one of four content-related courses in the teacher education programme. The other six novices had completed two courses. In the teacher education programme, five novices showed satisfactory outcomes on a previous mathematics examination on content knowledge (in Switzerland grade 4), four showed good outcomes (grade 5), and three showed very good outcomes (grade 6). Among the seven experts in teaching mathematics were two participants with further qualifications (one with an MA in special education and one with an MA in mathematics education).

Interviews

In line with related literature (Kim et al., 2020; Shulman, 1987), we assume that studying teachers' lesson planning helps to illuminate their pedagogical reasoning. In particular, the selection of subject-specific teaching procedures is important during lesson planning (see the Introduction). For instance, during planning, teachers need to select among (sequences of) mathematical tasks that are intended to be used during the lesson. Compared to teaching in vivo, the planning situation can also be better captured in the laboratory situation of a think-aloud interview (which is needed to investigate teachers' thought processes). Nonetheless, the task of planning is practice oriented and authentic to prospective teachers.

In the interviews, hence, the participants were confronted with the task of planning a lesson introducing the subtraction algorithm (written subtraction) to 4th graders. We chose this particular task for several reasons: (1) An introductory lesson on a new concept or procedure requires participants' special attention with respect to choosing appropriate teaching procedures. (2) The subtraction algorithm provides a good opportunity for the use of CK (subtraction with regrouping, for instance, is a non-trivial case to many teachers, cf. Ma (1999)), KCS (students' errors or conceptions are well documented in the literature, cf. Fiori & Zuccheri (2005) and Kühnhold & Padberg (1986)), KCT (the subtraction algorithm is a traditional topic in teaching mathematics in Switzerland and it is dealt with in lessons at several class levels), and KCC (it is dealt with in teaching standards and mathematics textbooks in Switzerland).[2]

Procedure

All participants were asked to think out loud for approximately 15 minutes, that is, to verbalise everything that came to their mind with respect to the selection and arrangement of teaching procedures within that fictive lesson. This time restriction is chosen to trigger spontaneous reactions, simulate a familiar situation in which decisions must be made under time pressure, and produce a manageable amount of data. It was made clear to the participants that it was not important to finish the task. It was also communicated that the interview is not a conversation between the investigator and the participant but, rather, a laboratory situation in which the investigator only serves as an initiator of verbalised mental processes by providing the tasks. Only if a participant stopped thinking aloud did the investigator ask the participant to proceed thinking aloud („What else comes to your mind according to

[2] Moreover, the meaning of algorithms is regularly subject to scholarly debate in the mathematics education community in Switzerland. Currently, written multiplication and division has been removed from teaching standards in primary classes to reinforce the importance of semi-scriptural procedures to multiplication and division.

the selection of teaching procedures?"). In some cases, participants did not know what else to think about. These participants were asked to refer to anything that comes in their mind according to an excerpt from a textbook, which represented the subtraction algorithm, that they had to use in the fictive lesson.

The procedure described above is based on criteria proposed by the think-aloud literature (Leighton, 2017). An important aim of this method is to influence the interviewee's thinking as little as possible. Apart from the stimulus provided by the interviewer ('What comes to your mind with respect to the selection and arrangement of teaching procedures within that fictive lesson?'), there are thus no further content-related questions in the interview. According to Leighton (2017), think-aloud interviews are an adequate means of identifying mental processes – in this case, the participants' pedagogical reasoning.

Analysis

As outlined above, the analysis focused on verbal data because they were judged to be the most appropriate for investigating the use of knowledge components during pedagogical reasoning. It was largely based on verbal analysis (Chi, 2002), which integrates qualitative content analysis and quantitative analysis. Therefore, it can be considered a type of mixed method, according to Kelle (2019). We pursued the following basic strategy. After transcribing the interviews, we segmented all interview protocols into proposition-sized units (first step). Thereafter, we coded each segment in each interview according to our coding scheme (second step). Essentially, our coding scheme reflects an operationalisation of CK, KCS, KCT, and KCC. Both steps (segmenting and coding) were carried out by two researchers. Their training and the development of the coding scheme took place in a pilot study that we conducted in advance. In the following two subsections, we present both steps of analysis in more detail, along with the inter-rater reliability. In the subsequent subsection, we describe the quantification of our coding and the related statistical analysis (the third step of analysis).

Segmenting the interviews

The segmentation of data is intended to obtain proposition-sized units (Chi, 2002). To achieve high inter-rater reliability according to the segmentation of the data, we applied a set of non-content rules instead of semantic evaluation. For instance, if two main clauses or subordinate clauses are connected with an „and" , they were separated. Moreover, these rules referred to the separation of relative clauses and other compounds such as causal clauses. The resulting phrases are considered to represent the segments. Twenty percent of all interviews were segmented by two researchers. To measure the inter-rater reliability, we calculated the normalised

Levensthein distance (nD) according to Kolbe et al. (2016): $nD = .09$. These authors suggest good reliability if $nD < .1$, which means that less than ten percent of segments had to be corrected.

Operationalisation of knowledge components

Ball et al. (2008) define their knowledge (sub-)components rather implicitly, as knowledge resources that underlie certain tasks. For instance, KCS is said to underlie the recognising of common errors. At the same time, however, SCK is said to underly the analysis of common errors, and CCK is said to underlie the recognition of wrong answers (ibid.). For this reason, in the pilot study it turned out to be difficult to adopt the MKT components as categories for analysis if one seeks to assign these categories to segments of transcribed interview data. Initially, we decided not to distinguish between the sub-components of content knowledge within this study. Secondly, we further operationalised the components of CK, KCS, KCT, and KCC for the purpose of our study.

We operationalise CK as a set of propositions that can, in principle, be justified by mathematical argumentation or definition; KCS as a set of propositions that can, in principle, be justified by the (ordinary or scientific) observation of students' behavior with respect to engagement in mathematical tasks, and KCC as a set of propositions that can, in principle, be justified by comparison with mathematical teaching programs/standards, textbooks, and related materials. According to these operationalisations, CK, KCS, and KCC are considered to comprise the respective propositional knowledge. In contrast to these definitions, KCT is operationalised as (verbalised) script knowledge (Anderson, 2007) about teaching procedures. With 'teaching procedures', we refer to any (temporal sequences of) representations (e.g., examples, pictures, questions, explanations, and tasks) that can potentially be used in the classroom with the intention of making mathematical concepts accessible to students. Ball et al. (2008) do not use the term 'teaching procedure' but also refer to (temporal sequences of) representations for mathematics teaching. From the definitions, it becomes clear that all knowledge components cover subjective knowledge, which can appear as incomplete or incorrect from a normative point of view and which can be based on experiences.

Our operationalisation of CK, KCS, KCT, and KCC essentially represents the coding scheme used to assign codes to the segments in interview protocols. In the coding process, we decided, for each segment in the interviews, whether the proposition contained in the segment could be evaluated by the differential criteria given above (and assigned the code CK, KCS, or KCC to the segment), whether it represents a teaching procedure (and assigned the code KCT), or whether none of these cases apply (and assigned the code OTHER). Tabelle 5.2 provides examples of propositions and the assigning of codes.

Tabelle 5.2 Example propositions and assigned codes

Proposition	Assigned Code
„If the minuend is smaller than the subtrahend, the result is a negative number."	CK
„After the number 9, there is the next value unit."	CK
„A lot of students do not understand the decomposing of a higher value unit."	KCS
„In game situations, students use rather semi-scriptural approaches to subtraction."	KCS
„I let the students solve subtraction tasks using the Dienes material."	KCT
„Next, I will present students' different approaches to subtraction by using the visualizer."	KCT
„In textbooks, written subtraction is required in grade 3."	KCC
„Semi-scriptural approaches to subtraction play an important role in the textbook."	KCC
„I don't know what else to say."	OTHER
„Okay, you ask me to plan an introductory lesson to the subtraction algorithm."	OTHER

Two researchers coded all interviews independently of one another. Overall, substantial inter-rater reliability (Cohens Kappa, k) was achieved according to Landis and Koch (1977): $k = .81$. Good reliability with respect to the coding process also indicates good validity on the part of the segmenting process.

Statistical analysis

We used the open-source software and programming language R (Version 4.1.1) for the statistical analysis of code frequencies. The frequency of a certain code in an interview is considered to be a measure of the use of the respective knowledge component during pedagogical reasoning in the interview. Alternatively, it is also possible to consider the relative frequency of a certain code in an interview (relativised to the number of segments in the interview). Due to the design of data acquisition, we expect the length of interviews (time and/or number of segments per interview) to be comparable. Nonetheless, we decided to analyse both the frequencies and relative frequencies to account for the potential influence of the interview length on the frequencies of the codes in an interview.

All dependent variables were tested for a normal distribution (both Lillifors- and Shapiro-Francia-Test) and the homogeneity of variances (Bartlett-Test) in all groups. Whenever possible, we applied the directed t-test to test our hypotheses H1–H3. If a normal distribution was not given, we applied the directed Wilcoxon-Test (Mann-Whitney-U-Test). We applied omnibus-testing according to H4: we used the Kruskal-Wallis-Test (because a normal distribution was not given and, hence, analysis of variances was not an option) and we performed post-hoc analysis using Dunn's Bonferroni-Test.

5.2.3 Results

Descriptive statistics

As expected, due to the design of data acquisition, the length of interview protocols is quite comparable. Within our population ($n = 32$), the mean of interview length is 13 min 33 sec, and the standard deviation is 2 min 77 sec. In terms of the number of segments in an interview protocol, the mean interview length is 119.4 segments, and the standard deviation is 31.79 segments. Moreover, there seems to be no substantial difference between the groups. For instance, the mean length in terms of time is only slightly longer in the interviews with novices ($n = 12$, $M = 14 : 03$ min) as compared to the interviews with experts ($n = 20$, $M = 13 : 14$ min). The same holds with respect to length in terms of the number of segments in an interview protocol.

The frequency of a certain code in an interview can be interpreted as a measure of a participants' use of the respective knowledge component. Because the lengths of interviews is comparable, it is possible to compare participants' code frequencies (of CK, KCS, KCT, KCC, and OTHER) directly.

Because we are interested in comparing groups (novices, experts in teaching mathematics, experts in mathematics education, and experts in mathematics) rather than individuals, we show means of code frequencies per group in the descriptive statistics (see Tabelle 5.3). To account for the potential influence of the interview length on the frequencies of the codes in an interview, we nevertheless also analysed the mean values of the relative frequencies of the codes (relativised to the number of segments in an interview). Because all significant differences in the mean frequencies reported below can be reproduced by analysing mean relative frequencies, however, we refrain from presenting these additional results.

Tabelle 5.3 Means of frequencies of codes, standard deviations in brackets

	Novices	Experts in mathematics teaching	Experts in mathematics education	Experts in mathematics teaching
Mean frequency of code CK	15.5 (12.65)	5.00 (4.69)	10.83 (5.27)	22.57 (8.81)
Mean frequency of code KCS	19.83 (7.67)	18.29 (9.78)	18.50 (5.05)	18.71 (5.77)
Mean frequency of code KCT	76.25 (25.03)	62.14 (21.54)	60.50 (24.01)	37.43 (14.10)
Mean frequency of code KCC	2.91 (3.15)	4.29 (5.22)	8.67 (7.17)	4.86 (3.24)
Mean frequency of code OTHER	18.17 (9.82)	23.57 (18.44)	18.16 (11.29)	21.57 (17.27)

Hypothesis H1

According to H1, experts in mathematics teaching use more KCT than experts in mathematics and experts in mathematics education during pedagogical reasoning. The directed Wilcoxon-Test shows that experts in mathematics teaching do not use significantly more KCT than experts in mathematics education: $W(11) = 17$, $p = .31$. The effect size (Pearson's r) is $r = .16$, which can be considered a weak effect according to Cohen (1992). However, experts in mathematics teaching use significantly more KCT than experts in mathematics: $W(12) = 10$, $p = .04$. The effect size is $r = .49$, which can be considered a strong effect according to Cohen (1992).

Hypothesis H2

According to H2, experts in mathematics use more CK than experts in mathematics teaching and experts in mathematics education during pedagogical reasoning. The directed t-test test shows that experts in mathematics use significantly more CK than experts in mathematics education, $t(11) = 2.96$, $p = .007$. The effect size is $r = .67$, which can be considered a strong effect according to Cohen (1992). Similarly, experts in mathematics use significantly more CK than experts in teaching mathematics: $t(12) = 4.66$, $p = .0006$. The effect size is $r = .80$, which can be considered a strong effect according to Cohen (1992).

Hypothesis H3

According to H3, experts in mathematics education use more KCC and more KCS than experts in mathematics teaching and experts in mathematics during pedagogical reasoning. The directed Wilcoxon-Test shows that experts in mathematics education do not use significantly more KCC than experts in mathematics: $W(11) = 13.5$, $p = .15$. The effect size is $r = .30$, which can be considered a moderate effect according to Cohen (1992). Moreover, experts in mathematics education do not use significantly more KCC than experts in mathematics teaching: $W(11) = 32$, $p = .06$. However, the p-value is close to the border of significance. The effect size is $r = .44$, which can be considered a strong effect according to Cohen (1992). With respect to KCS, we refrain from further statistical analysis because it becomes evident from the descriptive statistics in 5.3 that all groups are quiet comparable.

Hypothesis H4

According to H4, novices use more KCT than the expert groups. Omnibus testing (a Kruskal-Wallis-Test) shows that the novices and expert groups differ significantly with respect to the use of KCT: $\chi^2 = 9.83$, $p = .02$. However, the post-hoc analysis (Dunn-Bonferroni-Tests) reveals a more differentiated view. Only the difference between novices and experts in mathematics is revealed to be significant ($z = -3.10$, $p = .006$), with a strong effect (Cohen's d) according to Cohen (1992): $d = 1.78$.

5.2.4 Discussion

During pedagogical reasoning, teachers are also supposed to apply content-related knowledge in order to decide which teaching procedure is suitable in a given situation. In this study, we hypothesised that the use of knowledge during pedagogical reasoning differs between novices and groups of varying expertise. Essentially, all descriptive statistics comply with our hypotheses. Hence, the overall impression supports the validity of our analysis. In the following, we first summarise and classify our findings. Secondly, we discuss the support for our hypotheses in more detail. Thirdly, we discuss several limitations of our study. Finally, we conclude by discussing the implications for further research and teacher education.

Summary and classification of results

We applied inference statistical analysis to check for significant differences between the groups. According to H1, experts in teaching mathematics use more KCT in pedagogical reasoning than experts in mathematics education and experts in mathematics. Based on our data and statistical inferences, this hypothesis is partially supported. Our results suggest that experts in teaching mathematics use more KCT than experts in mathematics, whereas experts in teaching mathematics and mathematics education are rather similar. According to H2, experts in mathematics use more CK than experts in mathematics education and experts in teaching mathematics. This hypothesis is fully supported based on our data and statistical inferences. This finding is in line with Watson and Barton (2011), who argue that mathematics experts mainly enact mathematics in planning and teaching situations. However, we were not able to find sufficient support for H3, which held that experts in mathematics education use more KCC and KCS in pedagogical reasoning as compared to experts in mathematics and experts in mathematics education. Finally, we found some evidence supporting H4: there seems to be a difference between novices and experts regarding the use of KCT, particularly between novices and experts in mathematics.

Overall, our findings support the view that KCS could be equally important for pedagogical reasoning in all expert groups. However, the use of CK, KCT, and partially also KCC differs between the expert groups. Consequentially, these knowledge components are not generally equally important during pedagogical reasoning but, rather, related to teachers' qualifications and experiences. Compared to expert groups, moreover, novices tend to emphasize KCT in reaction to tasks that require pedagogical reasoning. This finding is in line with the assumption that novices have little experience in pedagogical reasoning and are more interested in practical knowledge about teaching procedures than 'theoretical' knowledge such as CK or KCC (cf. Nilsson, 2009).

In summary, the findings of our study demonstrate the various ways in which experts' and novices' use of knowledge components unfolds. Based on our analysis, it is likely that there is not only 'one best road' regarding the use of experts' knowledge components during pedagogical reasoning but, rather, complementary strategies that emphasise different knowledge components. With respect to novices, our findings suggest that it must be considered a challenge for novices to prioritise the role of pedagogical reasoning and the related use of various knowledge components, instead of visible teaching behavior.

Taking these findings into account, we believe our research represents a promising attempt to bring together different strands of research: pedagogical reasoning (via the framework that we used to specify situations of knowledge use), conceptualizations of content-related knowledge (via the conceptualisation that we used to identify the various facets of content-related knowledge), and, finally, practical theories of teaching (via taking into account also subjective or experiece-based knowlegde in order acknowledge novice and experts individual knowledge relevant to their practice).

Support of hypotheses

Regarding H1, our data may have been influenced by the fact that the expertise profile in mathematics education is close to the expertise profile in teaching mathematics: both groups have teaching experience in primary classes. Moreover, experts in mathematics education were involved in the construction of teaching standards, textbooks, or other materials. Hence, they were likely oriented towards the practical and constructive dimension of mathematics education research. Because all groups deployed a relatively large amount of KCT in pedagogical reasoning (see Tabelle 5.3), it is also possible that the task used in the interviews did not maximise the potential to discriminate in terms of the use of KCT during pedagogical reasoning.

Regarding H2, a strong background in mathematics seems to be a feature that contributes a great deal to the use of CK during pedagogical reasoning. Although the subtraction algorithm may appear to be a trivial procedure to experts in mathematics and the challenge to these experts is, rather, how to present it to students, they deployed much more CK during pedagogical reasoning as compared to the other groups. It seems likely that these experts found it important to reflect on the mathematical concepts and procedures associated with the subtraction algorithm. Moreover, these experts may also compensate for missing KCC or KCT by relying on CK in order to come to decisions with respect to the use of teaching procedures. For this reason, strong effect sizes ($r = 0.67$ resp. $r = 0.8$) may also refer the fact that experts in mathematics had teaching experiences in secondary classes instead of primary classes.

Regarding H3 and the use of KCC, the effects are moderate, and the p-value is close to significance in one of the two comparisons. Thus, with more statistical power, it could be possible to obtain significant results. Regarding the use of KCS, no differences between the expert groups were observed. This also comports with the initial appraisal that it is difficult to determine which of the groups emphasise KCS (see the Introduction).

Regarding H4, we find support for the notion that novices use more KCT than the expert groups. However, only novices and experts in mathematics differ significantly in this regard. Nonetheless, it is impressive that novices use even more KCT than experts in teaching mathematics, according to the descriptive statistics. Our results are interesting because both novices and experts in mathematics have little or no teaching experience in teaching mathematics in primary classes. In contrast to the situation for experts in mathematics, this does not hinder novices from drawing heavily on KCT.

Limitations

Obviously, the participants' use of knowledge components during pedagogical reasoning is influenced by the task used in the interview. Because all participants were confronted with the same task, however, we believe it is possible to compare the use of knowledge between the groups (interindividual differences). As Bromme (1992) argues, however, a task may appear differently to novices and experts. Therefore, it may be helpful in future research to triangulate the use of tasks.

Note that we are generally not able to reject hypotheses based on our data. Due to our small sample, it is only possibly to confirm hypotheses when there are (very) strong effect sizes. Finding support for hypotheses in case of moderate or low effect sizes would require larger sample sizes. In future research, our hypothesis may be adapted so as to be tested with a larger sample.

Furthermore, the knowledge components are different with respect to their levels of abstraction. For instance, the KCT component is operationalised in a way that many more segments in the interviews can be assigned to this component. Compared to KCT, for instance, the KCC component is much more specific and, for this reason, appears much less frequently during analysis. Because the frequency of knowledge components is dependent on both the task used in the interview and their level of abstraction, it is not possible to analyse the columns in Tabelle 5.3 (intraindividual differences) but, rather, only its lines (interindividual differences). For instance, the fact that novices use more KCT than KCC in our study could be an artefact of the task used in the interview and the different levels of abstraction of KCT and KCC.

Outlook

As outlined above, more research with larger samples is required to stabilise and explain our results. In future research, it seems to be important to also include qualitative factors in order to come to a better understanding of the findings presented in this study, for instance, with respect to the quality of KCT displayed by novices and experts in teaching mathematics or with respect to describing the use of knowledge components in argumentation processes. Regarding teacher education programs, we conclude that it seems to be important for novices to learn how to come to decisions regarding the use of teaching procedures via the application of further content-related knowledge components. In teacher education, it could be promising to not only create opportunities for novices to practice engaging in pedagogical reasoning but also highlight the use of relevant knowledge from CK, KCS, and KCC needed in pedagogical reasoning (Mok & Staub, 2021). Kavanagh et al. (2020), for instance, reports on teacher educators who offered guidance to novices regarding how to engage with relevant knowledge components during pedagogical reasoning. In order to provide the grounds on which to promote rich pedagogical reasoning that is based on content-related knowledge, however, there is a need for more research on (the training of) content-related pedagogical reasoning.

5.3 Pilous & Leuders (2023): Novice and Expert Teachers' Content-Related Pedagogical Reasoning

Abstract: In this exploratory study, we seek to contrast the content-related pedagogical reasoning shown by prospective and experienced teachers – i.e., their reasoning for or against the use of subject-matter representations that draw on content knowledge or pedagogical content knowledge. We conducted think-aloud interviews with seven prospective teachers and seven experienced teachers based on a situation of planning to teach with a specific task. The teachers' pedagogical reasoning was analysed by means of content analysis. The data showed that expert teachers engage substantially more in content-related pedagogical reasoning than novices. In particular, expert teachers' reasoning is predominantly based on their knowledge of content and students and on curricular knowledge.
Keywords: content knowledge, pedagogical content knowledge, pedagogical reasoning, expert-novice teachers, verbal data analysis

5.3.1 Introduction

Distinguishing between *content knowledge* (CK) and *pedagogical content knowledge* (PCK) as components of teachers' knowledge is one of the most influential ideas in research on teacher professionality. Many studies have modelled and measured CK and PCK as aspects of teachers' professional knowledge. Recent research has also explored teachers' use of CK and PCK in specific teaching situations in order to better understand the relationship between knowledge and practice (Escudero & Sanchez, 2007; Krepf et al., 2018; Stahnke & Blömeke, 2021; Tigelaar et al., 2017).

Particularly, it appears fruitful to explore teachers' use of knowledge and how it influences their practice by analysing their pedagogical reasoning. This is based on the assumption that teachers have to select constantly between alternative instructional moves (Kavanagh et al., 2020; Loughran et al., 2016; Shulman, 1987). For instance, with respect to lesson planning, teachers need to decide which tasks, questions, or explanations to use in order to foster students' learning. According to recent studies, *pedagogical reasoning* is often described as teachers' reasoning (with oneself), through which potential moves are attached with arguments for or against their use in a given situation (Kavanagh et al., 2020; Loughran, 2019). Hence, the investigation of teachers' pedagogical reasoning may enable us to come to a better understanding of the knowledge related to their practice.

Previous research on pedagogical reasoning has particularly focused on the role of teachers' individual experience-based knowledge and beliefs (Cornett et al., 1990; Kettle & Sellars, 1996; Levin & He, 2008; Levin et al., 2013; Tiilikainen et al., 2019). Less is known about the use of content-related knowledge, such as CK and PCK, during pedagogical reasoning. CK and PCK are often acquired in formal teacher education and relate to specific content. Their use may be assumed crucial and therefore it is reasonable to systematically include them in an analysis of pedagogical reasoning. As outlined above, there is a growing body of research that also focuses on teachers' use of CK and PCK in specific teaching situations. However, there are hardly any studies that focus on their thinking in terms of pedagogical reasoning and, at the same time, distinguish between their knowledge in terms of CK and PCK. Both would be necessary, however, to shed light on teachers' content-related pedagogical reasoning – i.e., their argumentation that underlies the selection of content-related instructive moves and that draws on content-related knowledge.

The belief that professional teaching is based on teachers' ability of pedagogical reasoning also has consequences for teacher education. For instance, Kavanagh et al. (2020) argue that practice-based teacher education can be aimed at helping teachers develop pedagogical reasoning. However, developing prospective teachers' pedagogical reasoning has proved to be a challenge. As Nilsson (2009) points out, „[s]tudent teachers are often interested in knowledge that is practical and can be applied in the classroom … student teachers do not always manage to make explicit connections between teachers' actions and the pedagogical theories that inform practice“ (p. 239). Therefore, content-related pedagogical reasoning (based on CK and PCK) could be even more challenging for prospective teachers. Unfortunately, hardly any empirical studies so far demonstrate to what extent and in what way prospective teachers differ from experienced teachers regarding their engagement in *content-related pedagogical reasoning*. However, findings from such studies are required to clarify what constitutes expertise in this respect and to create or improve respective learning opportunities in teacher education programs.

In this exploratory study, we therefore seek to analyze the content-related pedagogical reasoning and, in particular, contrast the content-related pedagogical reasoning shown by prospective and experienced teachers, as exemplified in the field of mathematics education. Our goal is to arrive at (and not to test) hypotheses that show whether and, if so, how prospective teachers differ from experienced teachers in this respect. The hypotheses, if any, are intended to provide a starting point for future research with respect to content-related pedagogical reasoning. Although the context of our study is mathematics, we seek to contribute to a broader discussion among researchers working with different school subjects and teacher education in general.

5.3.2 Theoretical Background

Pedagogical Reasoning in Subject-Matter Education

To date, only a few studies focus on teachers' thinking in terms of pedagogical reasoning and, at the same time, distinguish between their knowledge in terms of CK and PCK. Cunningham (2007), in the field of history education, and Elliott (1996), in the field of language education, used a grounded theory approach to identify the knowledge components that were activated during the pedagogical reasoning process of expert teachers. A result of their analysis is that these teachers activated CK in addition to further components, such as knowledge about students' conceptions or instructional strategies, which can be summarised as PCK. Sanchez & Llinares (2003) focused mathematics-related CK and demonstrated its influence on prospective teachers' pedagogical reasoning. It is reasonable to assume that these strategies of analysis are feasible and fruitful in other fields of subject-matter education and that findings also may (partially) carry over to other domains and content areas, pedagogical situations and teacher groups. In our study we want to contribute to this recent strand of research and to demonstrate, that it is reasonable to differentiate between CK and PCK as knowledge components that are applied during pedagogical reasoning.

More specifically, hardly any empirical studies so far have demonstrated how prospective teachers engage in content-related pedagogical reasoning and to what extent they differ from experienced teachers in this respect. Peterson & Treagust (1995) report the limited pedagogical reasoning ability of prospective teachers in the field of science education. Ball (1988) compared the pedagogical reasoning of one experienced primary teacher and two prospective primary teachers in the field of mathematics education. Her case study suggests that, when compared to the experienced teacher, the prospective teachers' reasoning appear to be „skewed in the direction of particular warrants other than mathematics, omit critical warrants, and include bases that are outside of the central thrust of mathematical pedagogy“ (p. 186). We conclude that existing research indicates potential deficits of prospective teachers' content-related pedagogical reasoning.

Indications from prior research, however, must be considered carefully since the term „pedagogical reasoning" is used with varied implications. Shulman (1987) introduced a framework for pedagogical reasoning practiced by teachers by referring to comprehension (of subject matter), transformation (of subject matter according to student needs), instruction, evaluation, and reflection as its constituting aspects. For instance, Peterson and Treagust (1995) refer to this framework by Shulman, whereas Kavanagh et al. (2020) and Loughran (2019) seem to focus on one particular aspect of Shulman's framework (the aspect of transformation – i.e., the process of teachers' decision-making with respect to instructional moves that are supposed to promote the best learning impact among students, see Introduction).

Apart from Shulman (1987) and the adaptions of his framework, Ball (1988) and Loughran et al. (2004) proposed a framework of pedagogical reasoning based on content-related knowledge. Ball (1988) describes a „framework of warrants for judging the products and process of pedagogical reasoning that underlie representing mathematics to students" (p. 171) within the field of mathematics education. It comprises mathematical warrants (which are needed to ensure the „conceptual essence" of the content), warrants of learning theory (which are needed to ensure students' learning), warrants based on the knowledge of students (which are needed to ensure students' accessibility and interest), and finally, warrants of the context (which are needed to ensure feasibility and sensitivity). The findings from Ball's case study must be analysed against this background. Furthermore, Ball's framework is related to the content but does not explicitly refer to a conceptualisation of CK and PCK.

In comparison, the framework by Loughran et al. (2004) assumes pedagogical reasoning to be based solely on PCK. They introduced "content representations", which can be used to represent teachers' PCK. A content representation is given by prompts (and teachers' responses to the prompts) with respect to a certain topic and aspects of Shulman's (1986, 1987) conceptualisation of PCK. Moreover, Loughran et al. (2004) introduced „pedagogical and professional-experience repertoires", which are representations of teachers' narratives that combine knowledge elements from PCK. These repertoires are said to illustrate teachers' pedagogical reasoning. Content representations, however, do not explicitly consider CK as a knowledge component that can be activated during pedagogical reasoning.

To conclude, there is a need to revisit these approaches that strive to connect pedagogical reasoning and content-related teacher knowledge and to develop and apply a more systematic strategy of analysis.

Our Framework of Content-Related Pedagogical Reasoning

In this study, we adopt the framework of pedagogical reasoning by Ball (1988). To us, this framework seems suitable to focus Shulman's (1987) aspect of transformation. This focus is consistent with recent studies on pedagogical reasoning by Kavanagh et al. (2020) or Loughran (2019) (see Introduction). Furthermore, Ball's (1988) approach is content-related, because it refers to teachers' arguments for or against content-related instructional moves (the use of subject-matter representations). In this section, we describe a framework of pedagogical reasoning that additionally refers to a conceptualisation of CK and PCK. To achieve this, we draw on the conceptualisation of CK and PCK presented by Ball et al. (2008).

According to Ball et al. (2008), CK comprises *common content knowledge* (CCK – referring to content knowledge also relevant in settings other than teaching), *specialised content knowledge* (SCK – referring to content knowledge only relevant to teachers), and finally, *horizon content knowledge* (HCK – referring to content knowledge about the connectedness of topics within that content domain). Furthermore, PCK is said to comprise the *knowledge of content and students* (KCS – relating to students' content-specific thinking or behaviour), *knowledge of content and teaching* (KCT – relating to all forms of representations of the subject matter, such as questions, tasks, pictures, explanations, and so on), and *knowledge of content and curriculum* (KCC – knowledge relating to content-related instructional materials, such as textbooks and national teaching standards).

We assume that during the teaching and lesson-planning stages, teachers essentially rely on their KCT when it comes to representations of subject matter (cf. Loughran, 2019). Moreover, we suppose that teachers must regularly decide between multiple (often more or less equally reasonable) representations of the subject matter and select one that will promote students learning in the most productive way. Based on this, we define teachers' *content-related pedagogical reasoning* as their argumentation (with oneself) for or against the use of representations in teaching the subject-matter to students, if it (the argumentation) is based on either CCK, SCK, HSK, KCS, or KCC. This means that the use of respective representations is warranted by propositions that can be assigned to one of the listed knowledge components. In contrast to the approaches by Ball (1988) and Loughran et al. (2004), our approach considers CK *and* PCK as a knowledge base for pedagogical reasoning.

The conceptualisation of CK and PCK by Ball et al. (2008) focuses on professional knowledge (institutionalised knowledge, as it is assumed to be shared by the mathematics education community). In this study, however, we do not assume that the knowledge (sub-)components are restricted to knowledge that is correct from a normative point of view. It can also comprise incorrect, incomplete, subjective, or experience-based knowledge (i.e., an individual teacher's knowledge), *insofar* as it relates to the descriptions of CCK, SCK, HSK, KCT, KCS, or KCC given above. This makes sense because prospective teachers still develop professional knowledge, and our study aims at describing and contrasting novice and expert teachers' forms of content-related pedagogical reasoning and the frequencies in which they are used (instead of focusing on the quality of CK and PCK).

Research Question

As outlined in the introduction, we seek to explore novice and expert teachers' content-related pedagogical reasoning. But who can be considered a novice or an expert teacher? Prospective teachers are often considered novices (Bromme, 1992). They have not completed teacher training and often have only few experience in teaching and pedagogical reasoning. According to Bromme (1992), experts, on the other hand, cope with so-called knowledge-rich tasks, such as pedagogical reasoning. Since pedagogical reasoning is a reflexive activity, teachers who also serve as teacher educators are appropriate candidates to serve as experts. These experts presumably have professional knowledge, particularly being qualified and experienced in teaching and pedagogical reasoning.

Our study is exemplified in the field of mathematics education, so we chose a topic from arithmetic that plays a central role in elementary mathematics. We also focused on the common task of lesson planning because it is an appropriate task that can facilitate teachers' pedagogical reasoning. A planning situation also better allows the researcher to sample and analyse verbalised processes of pedagogical reasoning (e.g., verbal reports based on think-aloud interviews; see section below) to generate hypotheses.

Based on the afore-mentioned considerations, we posed the following research question: How do novice and expert teachers differ in their mathematics-related pedagogical reasoning when they plan to teach arithmetic?

5.3.3 Methods

In this study, we collected qualitative interview data from novice and expert teachers in terms of think-aloud protocols in reaction to a planning task to teach arithmetic that required pedagogical reasoning. The qualitative data were analysed with respect to processes of mathematics-related pedagogical reasoning by means of content analysis. Content analysis produces quantitative data that can be used to arrive at hypotheses regarding differences between novice and expert teachers' mathematics-related pedagogical reasoning.

Participants

The data were derived from 14 participants: seven participants were novice teachers, and seven were expert teachers. All seven novice teachers were bachelor's students in the first year of preparation in a teacher training program in German-speaking Switzerland (which requires three years of full-time study). They also had little or no practical experience and took part in the study on a voluntary basis. However, they varied with respect to outcomes on a previous examination of mathematics in their teacher education program and their motivation to teach mathematics (based on self-assessment). All seven expert teachers were experienced mathematics teachers in primary classes (for more than 10 years), who obtained a teaching certificate (in Switzerland, a Bachelor of Arts for primary education). Moreover, the expert teachers were required to serve as teacher educators in a teacher education program in German-speaking Switzerland (as lecturers or mentors to prospective teachers with respect to mathematics education).

We sent invitation e-mails to a large number of potential candidates. The selection of novice teachers took place in the order in which they responded to our e- mail. Additionally, as mentioned before, we sought to balance the novice sample with respect to prospective teachers' performances in mathematics and their motivation to teach mathematics. The selection of expert teachers took place after scanning the websites of schools in the German-speaking part of Switzerland; this allowed us to identify eligible persons and to contact them. Finally, we balanced our sample of novices and experts with respect to the size of both groups.

Interviews and Procedure

In the context of practice, teachers' pedagogical reasoning is mental work (Loughran, 2019). Hence, it is not possible to observe teachers' pedagogical reasoning directly. However, it is possible to analyse their observable behaviour, such as their verbalised pedagogical reasoning. In this study, we conducted think- aloud interviews to collect the required data. According to Leighton (2017), think- aloud interviews are suitable for providing the means to access mental processes.

In our think-aloud interviews, the participants were confronted with the task of planning a lesson introducing the subtraction algorithm (written subtraction) to fourth graders. We chose this task because planning to teach an introductory lesson requires special attention from participants to the selection of appropriate representations of the subject matter. Therefore, the task is appropiate to stimulate their mathematics-related pedagogical reasoning. The planning situation can also be captured better in the interviews. Moreover, it is a practice-oriented and authentic task.

Particularly, the subtraction algorithm is a traditional topic from mathematics in German-speaking Switzerland, and it is dealt with in lessons held at several levels. It also provides a good opportunity to argue based on, for instance, CK (subtraction with regrouping, for instance, is a non-trivial case to many teachers; cf. Ma, 1999), KCS (students' errors or conceptions are well documented in the literature; cf. Fiori & Zuccheri, 2005; Kühnhold & Padberg, 1986), and KCC (the algorithm is dealt with in teaching standards and mathematics textbooks in Switzerland).

All participants were asked to think out loud for approximately 15 minutes – i.e., to verbalise everything that came to their mind with respect to the selection and arrangement of subject-matter representations within their lesson. The time restriction was chosen to trigger spontaneous reactions. It was also communicated that the interview was not a conversation between the investigator and the participant but a laboratory situation in which the investigator only served as an initiator of verbalised mental processes by providing the tasks. Only if a participant stopped thinking aloud did the investigator ask the participant to proceed thinking aloud („What else comes to your mind according to the selection of teaching procedures?“). In some cases, the participants did not know what else to think about. These participants were asked to refer to anything that came to mind according to an excerpt from a textbook that they had to use in their lessons, which represented the subtraction algorithm.

Analysis

First, all interviews were transcribed in full. Second, the transcripts were reduced to phrases that contained indications of argumentation. Third, we analysed the data by means of the content analysis method proposed by Mayring (2010). To elaborate, we coded the resulting data according to our coding scheme. The coding was carried out by two researchers. Training on the application of the coding scheme took place in a pilot study that we conducted in advance. Finally, the code frequencies were counted, and the mean values of the code frequencies were compared between the novice and expert groups in order to arrive at hypotheses of differences between the groups.

Searching the interview transcripts for occurrences of argumentation. First, we searched the transcripts for indications of argumentation through the application of non-content rules (Chi, 1997). More precisely, we searched for indicator words such as „because“, „therefore“, among others. These words typically occurred in phrases or sequences of subsequent phrases that were of a causal, consecutive, or final nature. Second, the resulting phrases or sequences of phrases were considered to be the segments to be coded in the next step of the analysis if they contained an argument for or against the (intended) use of a representation of the subject matter. Tabelle 5.5 contains examples of segments (and codes assigned to the segments). Because searching the interviews for segments to be coded was a more formal procedure and due to the exploratory nature of our study we refrained from carrying out this step of analysis by a second researcher.

Content analysis. By specifying four processes of pedagogical reasoning, we present the coding scheme that we used to code all segments (see Tabelle 5.4).

Tabelle 5.4 Coding scheme

Code	*Arguing for or against the use of representations of mathematics …*	*Based on*
Proc1	…based on mathematical propositions (i.e., propositions that can, in principle, be justified by mathematical argumentation or definition).	CK
Proc2	…based on student-related propositions (i.e., propositions that can, in principle, be justified by the ordinary or scientific observation of students' behaviour with respect to engagement in mathematical tasks).	KCS
Proc3	…based on curricular propositions (i.e., propositions that can, in principle, be justified by comparison with mathematical teaching programs/standards, textbooks, and related materials).	KCC
Proc4	…based on any other sort of propositions.	OTHER

Obviously, our coding scheme does not take into account the differentiation of CCK, SCK, and HCK put forth by Ball et al. (2008). In the piloting of the coding scheme, it was found that it was not possible to reliably distinguish the corresponding processes of mathematics-related pedagogical reasoning. Therefore, we differentiate only between processes of pedagogical reasoning that are based on CK, KCS, and KCC (KCT is not used to argue for or against the use of representations according to our framework).

Two researchers coded all interviews independently of one another. Overall, substantial inter-rater reliability (Cohen's kappa coefficient, k) was achieved, according to Landis and Koch (1977): $k = .87$. Below, Tabelle 5.5 provides examples of segments from the interview data and the codes assigned to them.

Tabelle 5.5 Examples of segments and codes assigned to the segments (formal indications of argumentation in italics)

Example of a segment	*Code assigned to the segment*
„In written subtraction, the size of numbers is lost. It's actually 80 minus 50, but you calculate 8 minus 5. *That's why* I would rather let the students have to calculate semi-written subtractions."	Proc1 (CK)
„As a first step, I would set the numerical material or the task in such a way that I do not have any transitions between the place values at the beginning, *because* that is so prone to error to students."	Proc2 (KCS)
„In the textbook, the roll is used as an odometer (as a means of illustration of indirect addition as a procedure of written subtraction). *Therefore*, I would have to start from a situation that the children themselves already know, preferably a bicycle odometer."	Proc3 (KCC)
„I would present written subtractions right from the beginning and students have them solve them or at least to try *so that* I know what the children are already able to do."	Proc4 (OTHER)

Statistical analysis to arrive at hypotheses. In order to compare code frequencies between both groups (novice and expert teachers) and to arrive at difference hypotheses, we applied statistical analysis. We used the open-source software and programming language R (version 4.1.2) and compared both the means of absolute and relative frequencies of codes (relativised to the interview length in terms of time). Due to the design of data acquisition, we expected the length of the interviews to be comparable. Nonetheless, we decided to analyse both the frequencies and relative frequencies to account for the potential influence of the interview length on the frequencies of the codes in an interview.

All dependent variables were tested for a normal distribution (the Shapiro- Francia test) and the homogeneity of variances (Bartlett test) in all groups. Whenever possible, we applied a (directed) t-test. If a normal distribution was not given, we applied the (directed) Wilcoxon test (Mann-Whitney U test).[3] Strong effect sizes

[3] We decided against an alpha correction due to the qualitative and exploratory nature of our study.

(Pearson‘s r) according Cohen (1992) were taken as an occasion to arrive at hypotheses. Significant differences in code frequencies between both groups were interpreted as an additional support for the generation of hypotheses. However, due to the absence of an hypotheses testing design, significant differences were not considered as inferential support for the hypothesis. The effect size was chosen as an indicator because, according to our research objective, we are rather interested in selecting empirically grounded hypotheses for future research, instead of making decisions about which hypotheses are true or not.

5.3.4 Results

Descriptive Statistics

Due to the design of data acquisition, as expected, the length of the interview protocols is quite comparable between the novice and expert groups ($t(12) = .81$, $p = .74$). Tabelle 5.6 below displays the interview lengths per participant and mean values per group.

Tabelle 5.6 Interview lengths per interview and mean interview length per group (N: novice teachers, E: expert teachers, data in minutes, standard deviations in brackets)

	N1	N2	N3	N4	N5	N6	N7	N mean
Time	12:33	13:20	15:40	14:20	13:25	07:54	11:34	12:41 (02:28)
	E1	E2	E3	E4	E5	E6	E7	E mean
Time	11:24	15:20	11:15	18:35	14:14	14:20	11:46	13:51 (02:39)

The frequency of a certain code in an interview can be interpreted as the measure of a participants' pedagogical reasoning which is based on the respective knowledge component (CK, KCS or KCC). Because the lengths of interviews are comparable, it is possible to contrast code frequencies of participants or mean code frequencies of the groups directly. Tabelle 5.7 provides the mean code frequencies per group.

Tabelle 5.7 Mean code frequencies per group (standard deviations in brackets)

	Proc1 (KCT,CK)	Proc2 (KCT,KCS)	Proc3 (KCT,KCC)	Proc4 (OTHER)	Sum of Proc1–3
Novices mean	.57 (.79)	.71 (1.25)	0 (0)	1.14 (.9)	1.29 (1.38)
Experts mean	1 (.82)	6.29 (3.35)	1.14 (1.35)	1.43 (.79)	8.43 (3.82)

For completeness, we also report the mean values of the relative frequencies of the codes (relativised to the interview length; see Tabelle 5.8).

Tabelle 5.8 Means of relative code frequencies per group (standard deviations in brackets)

	Proc1 (KCT,CK)	Proc2 (KCT,KCS)	Proc3 (KCT,KCC)	Proc4 (OTHER)	Sum of Proc1-3
Novices mean	.04 (.06)	.05 (.08)	0 (0)	.09 (.07)	.09 (.09)
Experts mean	.08 (.06)	.44 (.17)	.08 (.09)	.11 (.06)	.59 (.17)

Derived Hypotheses

The statistical data is used to arrive at hypotheses regarding the differences between novice and expert teachers' mathematics-related pedagogical reasoning. The following hypotheses can be made due to rather strong effect sizes (Pearson's r) according to Cohen (1992), along with significant differences between the mean values of code frequencies (E mean and N mean with respect to the variables displayed in Tabelle 5.7/5.8). Because all results can be reproduced by analysing mean relative frequencies (Tabelle 5.8), we present only the statistical data resulting from absolute frequencies (data in brackets).

H1 : Compared to novice teachers, expert teachers engage substantially more in mathematics-related pedagogical reasoning ($t(12) = 4.65$, $p = .001$, $r = -.78$).

H2 : Compared to novice teachers, expert teachers use substantially more KCS during mathematics-related pedagogical reasoning ($W(12) = 48$, $p = 0.001$, $r = .83$).

H3 : Compared to expert teachers, novice teachers hardly use any KCC during mathematics-related pedagogical reasoning ($W(12) = 42$, $p = .005$, $r = .7$).

5.3.5 Discussion

Summary and Classification of Results

The findings of our study correspond to and extend prior research on content-related pedagogical reasoning. According to hypothesis H1, expert teachers engage more in mathematics-related pedagogical reasoning. This is in line with the assumption that novice teachers' ability and interest in pedagogical reasoning is limited (Nilsson, 2009; Peterson & Treagust, 1995). Based on prior research and our findings, we interpret H1 as carrying over to other fields of subject-matter education. To elaborate, we believe it is reasonable to claim that prospective teachers' content-related pedagogical reasoning is weakly developed and, consequentially, needs to be addressed through teacher education programs.

We are also able to concretise claims by Ball (1988), Cunningham (2007), and Elliott (1996). According to Cunningham and Elliott, expert teachers draw on CK and PCK during pedagogical reasoning. According to Ball, the mathematics-related pedagogical reasoning of prospective teachers is „skewed in the direction of particular warrants other than mathematics“ (p. 186). According to our hypotheses H2 and H3, prospective teachers particularly seem to miss pointing at arguments associated with the use of KCS and KCC, when compared to experienced teachers. We tentatively see this as a hint that future learning opportunities with respect to content-related pedagogical reasoning (in teacher education programmes) should pay special attention to the use of arguments based on KCS and KCC.

Limitations of Our Study

Limitations due to sample and design: Due to the small sample population and our chosen methodology, our findings cannot be considered representative or generalisable. Moreover, finding support for hypotheses in the case of moderate- or low-effect sizes (e.g. the use of CK according to Proc1) would require larger sample sizes. Nonetheless, our exploratory study is suitable for arriving at empirically grounded and detailed hypotheses that can be tested in future research.

Obviously, the participants' pedagogical reasoning is influenced by the task used in the interview. Because all participants were confronted with the same task, however, we believe it is possible to compare the pedagogical reasoning between the groups (interindividual differences). As Bromme (1992) argues, a task may appear differently to novices and experts. Therefore, it may be helpful in future research to triangulate the use of tasks.

Based on our findings, we interpret our framework of content-related pedagogical reasoning as valid and methodologically helpful for research similar to ours. It is worth mentioning, however, that compared to other frameworks (cf. Shulman,

1987; Loughran et al., 2004), our framework focuses on teachers' content-related arguments for or against the use of representations of the subject matter. Hence, our framework does not pay attention to arguments for or against the use of social forms in classes or methods of assessment etc.

Limitations due to focus on mathematics education and specific content: Obviously, there is no straightforward way to determine to what extent our research can be applied to other areas of subject matter education. In particular, our hypotheses must be adapted to further testing and possibly modified to suit other populations and situations.

As demonstrated before, our framework of content-related pedagogical reasoning is linked with the conceptualisation of CK and PCK put forth by Ball et al. (2008). Although the used conceptualisation by Ball et al. (2008) is initially mathematics related, we believe it is indeed possible to apply it – and therefore also our framework – to other fields of subject-matter education in the future.

Limitations due to missing assessment of participants professional knowledge: Note that it is also possible that there exists a relation between expert or novice teachers' (existent or nonexistent) professional CK or PCK and their content-related pedagogical reasoning. However, we are not able to highlighting such a relation based on our data. For instance, it is conceivable that novice teachers engage less in content-related pedagogical reasoning, because they do not have the professional knowledge at hand that is necessary to apply appropriate arguments from a more normative point of view. Investigating such relations would require to assess participants' professional CK and PCK (which did not take place in our study).

Limitations due to data analysis: The codes of processes of pedagogical reasoning (Proc1–4) are different with respect to their levels of abstraction. For instance, Proc2 (KCS) is operationalised in a way that many more segments in the interviews can be coded with this code. Compared to Proc2 (KCS), for instance, the Proc3 (KCC) code is much more specific and, for this reason, appears much less frequently during the analysis. Because the frequency of codes is dependent on both the task used in the interview and its level of abstraction, it is not possible to analyse the lines in Tabelle 5.7 and 5.8 (intraindividual differences) but rather only its columns (interindividual differences). For instance, the fact that a participant in our study used Proc2 (KCS) more times than Proc3 (KCC) during their pedagogical reasoning could be an artefact of the task used in the interview and the different levels of abstraction of these codes.

Because we searched the transcripts for indications of argumentation through the application of non-content rules (search for indicator words such as „because", „therefore", among others), it is possible that some text passages were not identified as segments to be coded. In this respect, our approach represents a compromise to obtain segments in a traceable and reproducible way.

Finally, in this study the design of analysis was set up in a way to produce quantitative data in a first step. This enabled us to generate hypotheses about differences between the groups with respect to the frequencies of processes of content-related pedagogical reasoning. However, this way it is not possible to generate more „qualitative hypotheses" (see consequences for future research in the next section).

Consequences for Research and Teacher Education

As discussed above, the limitations of our study naturally lead to an outlook for potential future research. Among the indications for further research, we would like to emphasise the need for empirical studies that test our hypotheses with respect to different populations and other subject references.

Apart from the differences between novice and expert teachers' frequencies in their processes of content-related pedagogical reasoning (as focused on in this study), it also appears important to investigate differences in terms of quality. A case study by Ball (1988) indicates that there are presumably also differences between the quality of novice and expert teachers' processes of content-related pedagogical reasoning: compared to expert teachers, novice teachers' arguments may also include statements that appear to be false or at least worthy of discussion within the (mathematics) educational community. Our pre-scientific impression of the reasoning processes in our data does not necessarily confirm this impression. The arguments put forward by novices rarely seem fundamentally wrong to us. We conclude that further research is necessary to determine typical differences with respect to the quality of processes of content-related pedagogical reasoning. In a next step, therefore, we seek to reanalyse our data in a more qualitative way.

As Kavanagh et al. (2020) argue, developing prospective teachers' pedagogical reasoning during teacher education programs has proved to be a challenge. Our study supports the view that this assumption particularly holds water with respect to content-related pedagogical reasoning. It may be helpful in teacher education to provide prospective teachers with opportunities to build and reflect upon processes of reasoning, as differentiated within our framework. We argue that the role of the content must be strengthened in this regard during practical training phases within teacher education programs. As an additional effect, these opportunities may also foster the development of CK and PCK and the coherence experience of prospective teachers during teacher training programs.

5.4 Pilous et al. (2018): Investigating the Relationship Between Prospective Elementary Teachers' Math-Specific Knowledge Domains

Abstract: Notwithstanding long term efforts to differentiate between domains of mathematics-related teacher knowledge, there is no doubt that different forms and aspects of teacher knowledge are interrelated and mutually influence each other. However, the nature of this relation is still open to scholarly debate. First, we give an overview of empirical studies that investigated the relation between different domains of mathematics teachers' knowledge, notably, the domains of „content knowledge" and „pedagogical content knowledge" . We demonstrate that the research on the relationship turns out to be multifaceted and we point to the need of cognitive orientated research on the integration of knowledge domains. Second, we present our own ongoing research on the integration of prospective elementary teachers' math-specific knowledge domains by describing our use and analysis of task-based interviews. Preliminary findings indicate that our approach can help to identify mental processes that illuminate the integration of math-specific knowledge domains.
Keywords: content knowledge, pedagogical content knowledge, pedagogical reasoning, expert-novice teachers, verbal data analysis

5.4.1 Introduction

One of the most influential ideas in describing professional knowledge for teaching is the distinction between mathematical *content knowledge* (CK) and mathematics-related *pedagogical content knowledge* (PCK) (Shulman, 1986; Bromme, 1992; Ball et al., 2008). But what is the relation between these knowledge domains? To answer this question it is necessary to understand what is meant by „relation". Unfortunately, the term is interpreted and used in many different ways. Before we present our own research, we thus attempt to identify and outline different approaches of research on the relation of mathematics-related CK and PCK. Hereby, we seek to provide a basis in order to classify our own ongoing research and its implications with respect to the field of research.

Among these approaches we identify two main strands: (1) Relations are expressed by theoretically discussing conceptualizations of PCK and referring either to pedagogical or to content-related aspects; and (2) Existing conceptualizations of content and pedagogic content are used to investigate teacher knowledge and the relation between its components empirically. According to the first strand, all conceptualizations of PCK and its components express a relation with CK in a specific way. For example, Shulman defined PCK as the „particular form of content knowledge that embodies the aspects of content most germane to its teachability" (Shulman, 1986, p. 9). Thus, from his point of view PCK can be considered as a special form of CK. However, he also referred to it as that „special amalgam of content and pedagogy" (Shulman, 1987, p. 8), a metaphor that expresses a more complicated quality of the relation (an amalgam is a rather tight mixture of elements, which results in a material with new qualities). Ball et al. (2008) presented a more empirically grounded conceptualization of mathematical knowledge for teaching. As above, their definitions of the components of PCK express their view about the relation between both. For example their definition of knowledge of content and teaching combines knowing about teaching and knowing about mathematics. By such conceptualizations, however, relations are often expressed implicitly or remain vague (e.g. PCK as an amalgam). Moreover, Depaepe et al. (2013) pointed out in their review article that there is no consensus about the components that PCK covers. However, in all recently discussed theoretical models PCK comprises at least knowledge on students' cognitions, instructional strategies, and representations (ibid.).

According to the second strand, relations are investigated empirically and based on predefined conceptualizations of CK and PCK. In the following section, different lines of empirical research within this strand are discussed in detail.

5.4.2 Overview of Empirical Studies on the Relation Between Content Knowledge and Pedagogical Content Knowledge

We differentiate between four lines of research where relations are investigated empirically: (a) Relation as correlation between CK and PCK measured by some form of test; (b) Relation as parallel development of CK and PCK, where one is described as a condition for the other; (c) Relation as a form of integration of CK and PCK; and (d) Relation as a form of association of CK and PCK. Studies that address the quality of instruction or the student progress (dependent on CK and PCK) are not included in our overview. We are aware of the fact that it is not always easy to distinguish between the lines of research mentioned above, especially since they are not fully disjoint. Nonetheless, we consider the differentiation useful to give a systematic overview. Next, we discuss each of these four lines of research separately.

Relation as Correlation Between CK and PCK

The studies in this line of research investigate relations quantitatively by means of written tests and score correlations. For example, Blömeke et al. (2010a,b), Hill et al. (2004) and Krauss et al. (2008) showed that it is possible to distinguish CK and PCK by statistical analysis of test behavior. In that sense, the term „relation“ focuses on the question whether it is reasonable to distinguish domains of knowledge at an interindividual level (through factor analysis or by considering the discriminant validity of tests). Their findings also reveal a strong correlation between the constructs, indicating that both constructs are at least highly connected. However, the picture of correlations for prospective elementary teachers is not as clear as it is for prospective secondary teachers (Blömeke et al., 2010a). Depending on the design of research, additional forms of relations between CK and PCK on the one hand and further characteristics on the other hand were addressed. For instance, Krauss et al. (2008) investigated CK and PCK in dependence of school levels, teaching experience or personal theories about mathematics.

Although correlations between CK, PCK and further variables cannot be interpreted in a causal way, the correlative findings are often considered to support certain assumptions, e.g. about the development of PCK and CK, where one is seen as a possible condition for the other. We will refer to these interpretations in the next sub-section.

Relation as Co-development of CK and PCK

The abovementioned studies by Hill et al. (2004) and Krauss et al. (2008) supported the view on CK as a necessary or at least a facilitating condition for PCK. For example, Krauss et al. (2008) reported that secondary teachers in academic tracks scored better in pedagogic content items to the extent that they scored better in content items. Moreover, Even (1993) for example contends that many of the tested prospective secondary teachers did not have an appropriate mathematical concept of function (CK) which, as a consequence, may have led to inappropriate knowledge of the „vertical line test“ as a rule for students to check for the univalence aspect of functions (PCK). The importance and necessity of content knowledge has also been investigated by a number of qualitative studies (Ball et al., 2001): for instance, findings reveal the relevance of conceptual understanding (CK) for teaching methods as well as for the generation and analysis of representations and explanations (PCK).

However, Krauss et al. (2008) reported that some secondary teachers in non-academic tracks reached high scores in PCK measures even though they scored low in items associated with mathematics content. This indicates that CK rather facilitates the development of PCK instead of being a necessary condition in a strict logical sense. For teachers in non-academic tracks low scores in PCK always went along with low scores in CK. Additionally this result was interpreted in a way that „strong content knowledge quasi'protects' against a low level of pedagogical content knowledge" (p. 244, translation by the author).

Can CK be considered as a sufficient condition for PCK? Krauss et al. (2008) showed that secondary teachers in academic tracks scored higher in PCK measures compared to teachers in non-academic tracks although the teachers in academic tracks received less education in PCK. This may support the view that CK is even sufficient for PCK. However, referring to Capraro et al. (2005) the condition is not sufficient for pre-service elementary teachers: „having profound mathematical understanding does not ensure pre-service teachers [to] develop pedagogical content knowledge" (p. 108).

How do prospective teachers acquire knowledge about content and pedagogic content? Kleickmann et al. (2017) conducted an experimental study in order to test the assumptions that (a) teachers construct PCK from CK and PK in a process of amalgamation, (b) CK is a necessary condition and facilitates PCK development, and (c) CK is sufficient for teachers' PCK development. The study indicates „that there are different pathways to PCK development" (p. 17). Lin and Hsu (this volume) refer to the question in their discussion of the use of mathematics-pedagogy tasks to facilitate the development of mathematics-related knowledge domains. They propose to implement tasks in teacher preparation courses which offer opportunities to address knowledge about content, student cognition, curriculum and textbook design concurrently. For instance, they present tasks which may not only help to promote prospective teachers' mathematical understanding but also facilitate them to make analogies to student learning.

Relation as a Form of Integration of CK and PCK

With the term „integration" we refer to the ways of how (prospective) teachers' CK and PCK come together and inform teachers' behavior in teaching-specific contexts or in the course of teaching. Hence, investigating the integration requires analyzing and differentiating teachers' behavior and the knowledge that becomes evident in the process. Escudero and Sanchez (2007), for example, analyzed videotaped lessons of two experienced secondary teachers and described the teachers' behavior and the integrated knowledge. Similarly, Speer & Wagner (2009) identified „component practices of analytic scaffolding" and analyzed the knowledge „needed to enact these practices" (p. 557). For instance, they worked out that the examined undergraduate mathematics teacher (who had good mathematical knowledge) was unable to use the students' contributions as an opportunity for analytic scaffolding due to his lack of PCK.

Rowland et al. (2005) analyzed videotaped lessons of pre-service elementary teachers with the aim „to locate ways in which they drew on their knowledge of mathematics and mathematics pedagogy in their teaching“ (p. 255). They identified four dimensions, called the „knowledge quartet“ , which can be used to observe prospective teachers' knowledge in practice. The knowledge quartet can be a useful tool for the discussion of knowledge domains between prospective teachers' and their mathematics teacher educators.

Relation as a Form of Integration of CK and PCK

One form of association can be named „verbal association“ . Hereby, we denote a relationship operationalized as a connection between CK and PCK (or its components) that results from the proximity of teachers' utterances (which refer to elements of CK and PCK) in time. In this way, it is possible to count knowledge domains (or components of knowledge domains) per utterance in an interview or per episode in a lesson (enumerative approach). To our knowledge, so far no study was conducted in order to map out the relation of mathematics-related knowledge this way. However, Park and Chen (2012) used a model of PCK for teaching science (called the Pentagon model) and applied the enumerative approach to the teaching of four high school biology teachers. They worked out that the occurrence of „the components was idiosyncratic and topic-specific [and that] Knowledge of Student Understanding (KSU) and Knowledge of Instructional Strategies and Representations (KISR) were central“ in the episodes (p. 930). In a similar vein, the so called Epistemic Network Analysis is applied by Weiland et al. (2015) in order to investigate „connections“ between elements of mathematics content knowledge. This exploratory approach seems to enable further insights in teachers' organization of CK. However, there are no final results available yet.

A different approach to describe the association of CK and PCK is presented by Lehrer & Franke (1992). To derive „conditional relationships“ among CK and PCK they applied personal construct psychology and the logic of fuzzy sets to the study of two experienced elementary teachers: after central knowledge „constructs“ were identified (and later assigned to CK, PCK, or general pedagogical knowledge) the teachers were asked to rate the constructs to be more or less important (true) to each of the presented fraction problems. Fuzzy logic was applied to receive the strengths of implications (associations) between the constructs. The further analysis of the teaching revealed that teachers' individual implications correspond to their actions in the context of the classroom.

Summary

The overview demonstrates that the research with focus on relations between (mathematics-related) CK and PCK turns out to be multifaceted. Most of the previous work seems to focus on correlations or the co-development of knowledge domains. However, findings do not reveal a clear picture and there is still an ongoing debate of whether the findings are influenced by the respective methodology, such as by the types of tasks used in the measurement. According to Buchholtz et al. (2014) strong empirical correlations between CK and PCK reported in the literature can be ascribed to operationalizations of PCK that closely relate to CK.

As reported by Depaepe et al. (2013) only few studies address the integration or association of knowledge domains (Escudero and Sanchez, 2007; Speer and Wagner, 2009; Lehrer and Franke, 1992). Thus, if we seek a deeper understanding of how aspects of content and pedagogic content play together when (prospective) teachers are faced with the demands of teaching, it is necessary to further investigate the integration of CK and PCK. The quantity of coincidences of knowledge domains (or components) per utterance or episode does not really help us to understand how CK and PCK come together. Rather, it would be necessary to concentrate both on mental processes and the respective knowledge domains or components that relate to those processes. However, existing studies did not fully recognize integration at a cognitive level. For this reason, we think it is of particular interest to further investigate the integration of knowledge domains and their components that way.

Our overview of empirical studies classifies existing studies aiming at the relationship between mathematics-related CK and PCK. In consequence, in the next section we are able to present our focus of research with respect to the gap of research outlined above and in contrast to the other lines of research. As pointed out already, the lines of research are not entirely independent. For instance, investigating the integration of knowledge domains may also lead to new insights according to the association of knowledge domains (because integration goes beyond association) or the development of PCK (because the identification of mental processes may give hints on how PCK can be acquired). Thus, the overview also offers an opportunity to refer back to existing studies when we interpret our preliminary and future findings with respect to the other lines of research in the discussion section.

5.4.3 Focus of Research

Referring to the gap of research outlined above, our aim is to investigate the integration of mathematics-related CK and PCK. As we mentioned earlier, by „integration“ we understand the ways of how CK and PCK inform (prospective) teachers’ mental processes when they deal with typical demands in teaching-specific contexts or in the course of teaching. To us, it is particularly important to identify and describe mental processes that help to make clear how domains of knowledge come together. Of course, it is not possible to observe mental processes directly, such as to remember, understand, apply, analyze, evaluate, or create (Stern, 2017). However, it is possible to analyze observable behavior in order to generate hypotheses about mental processes in which different mathematics-related knowledge domains are activated. Describing the integration of mathematics-related knowledge domains that way is a key aspect if we seek to improve our understanding of (professional) knowledge structures of (prospective) teachers.

It is not possible to investigate the integration without investigating the mathematics-related knowledge that (prospective) teachers use. According to Liljedahl et al. (2010), knowledge domains may become more and more integrated or even unified with time. At the same time, the integration of knowledge domains may depend on the amount of professional training and the experience of (prospective) teachers. Our aim is to shed more light on mathematics-related knowledge of prospective elementary teachers and its integration in the first phase of mathematics teacher education (i.e., during their bachelor degree courses). However, it is not our aim to investigate the development of knowledge domains or the development of its integration.

In the first phase of teacher education the knowledge domains initially emerge and often cover incomplete or incorrect knowledge. Thus, we are not only interested in knowledge that can be considered as correct from a normative point of view (professional knowledge), but we also consider incomplete, subjective, or experience-based knowledge. For this reason, it is not appropriate to use an existing conceptualization of mathematics-related knowledge. Rather it seems necessary to develop an empirically-grounded and adapted conceptualization which applies to our prospective teachers and which can be used to further investigate the integration.

We pose the following research questions:

(1) Which domains of prospective elementary teachers' mathematics-related knowledge can be distinguished in their reasoning while solving pedagogical tasks in mathematics teaching (as posed in bachelor-degree courses)?; and
(2) Which are the mental processes of prospective elementary teachers' that are based on different domains of knowledge?

5.4.4 Task-Based Interviews

We assume that the knowledge domains can best be investigated in situation-specific contexts. Thus, we considered the use of tests or questionnaires inappropriate. The method of lesson observation seem to fit better but does not offer the possibility to address further questions in relation to mathematics and the teaching of mathematics. Considering teaching in vivo also is not appropriate since the participants of the study are prospective elementary teachers (in their second to fourth semester) who typically have very little teaching experience and issues of classroom management may be predominant.

In previous studies the use of task-based interviews was applied successfully with respect to the investigation of teacher knowledge and beliefs (e.g. Ball, 1988; Biza et al., 2007; Ma, 1999). We apply this method including the task structure proposed by Biza et al. (2007) because the tasks are common to the training of prospective teachers. In the semi-structured interviews excerpts from textbooks and other curriculum materials are used as a basis for questions concerning tasks of teachers which are typical for arithmetic teaching in second to sixth grade. The list of core tasks presented by Bass and Ball (2008) served as a guiding framework. It comprises the following tasks where mathematical work is involved:

> [S]etting and clarifying goals, evaluating a textbook's approach to a topic, selecting and designing a task, re-scaling tests, choosing and using representations, analyzing and eval- uating student responses, analyzing and responding to student errors, mana- ging productive discussions, figuring out what students are learning [...] (Ball and Bass, 2004; p. 296).

For instance, we use the so-called Multiplication Poster by Wittmann (1998), shown in Abbildung 5.1, as a representation of a holistic approach to the multiplication table and link it to the following scenario: „Suppose you plan to use the Multiplication Poster with your second graders. Reflect on your ideas and reasoning. How do you pro- ceed?" Depending on the responses the interviewer poses questions such as: „What do you think about?" „What is the Multiplication Poster about?" „What about it could be easy or difficult for your students?" and „What are the goals you want them to reach?" Following the task structure mentioned above and in order to cover as many tasks from the list as possible, we further asked prospective teachers to examine and respond to fictional student solutions and errors (Abbildung 5.1).

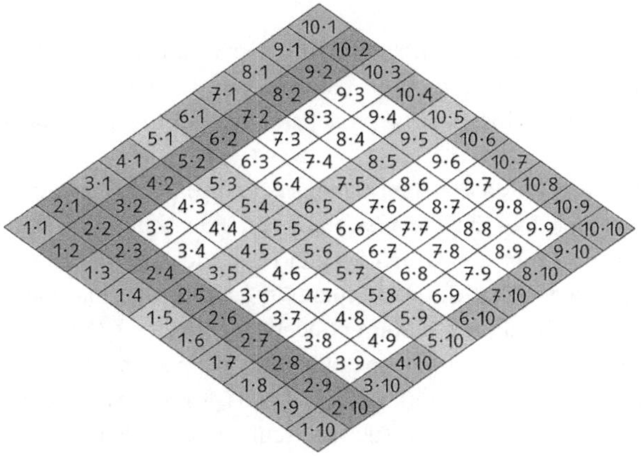

Abbildung 5.1 Multiplication Poster (c) Klett und Balmer AG, Verlag, Zug 2007

5.4.5 Sampling and Analysis

Acquisition (theoretical sampling) and analysis of data (constant comparison) is based on the approach of Grounded Theory (Strauss & Corbin, 1996) which is adequate for the purpose of developing theory from empirical interview data. The analysis of data is carried out using the software MAXQDA 11.

Participants

Our qualitative design with a small sample risk overemphasizing individual cases since prospective teachers' abilities and backgrounds are very diverse. To avoid this problem, we drew the sample following the maximum variance principle (Patton, 1990). Six prospective teachers participated in our interviews which lasted between forty and sixty minutes each. Three of them were enrolled in the second semester (and attended the mathematics-related courses „Elementary Algebra and Arithmetic" and „Mathematical Thinking of Children"), one of them in the third semester (who additionally attended the course „Geometry and Applied Mathematics"), and two of them in the fourth semester (who additionally attended the course „Planning and Implementation of Mathematics Instruction"). All of them were bachelor students in an elementary education program in Switzerland.

Analysis

All six interviews were transcribed in full. Open and axial coding were taken out simultaneously (because they go hand in hand). Nonetheless, for reasons of readability we will outline both steps separately. Both steps of analysis are still in progress.

Open coding involves a constant comparison of data and asking questions like „On what knowledge does the interviewed person draw back in the situation?" These are core elements of this step which very closely sticks to the data. The goal is to explore the knowledge that the participants refer to in the interviews. We assign codes to segments of data if a certain concept is reflected (a piece of knowledge) according to our interpretation. The meaning of concepts represented by the codes is established by comparing data and writing memos. Memos also include discussions about the dimensions of concepts (such as frequency, depth, or duration).

The step of open coding is taken out highly inductive. This means that the names of codes are mainly developed in vivo (names are derived directly or with little variation from the data) or from the data in the sense that concepts are grounded in the data and named by the researcher during the analytical process (Strauss and Corbin, 1996; p. 49). In order to remain open to the data a sentence-by-sentence coding is applied to the transcripts. Codes are not required to be disjoint.

Axial coding denotes the process of relating concepts and categories back together. Similar concepts are grouped and summarized under categories (knowledge domains) according to shared properties (Strauss and Corbin, 1996; p. 47). At first, assigning these codes to categories and thus to (components of) knowledge domains is based on existing models of teachers' mathematics-related knowledge (theoretical sensitivity) (e.g. Ball et al., 2008; Krauss et al., 2008; Rowland et al., 2005; Shulman, 1986). We use this generic structure as an initial point to further apply the method of constant comparison. Moreover, the assignation of codes to categories takes place irrespectively of content-related correctness. Hence, data are not evaluated as right or wrong, but as being of a certain kind of knowledge.

In the following, we give some examples illustrating codes, codings, and the assigning of codes to categories. Some of these illustrating codings are presented again as parts of interview sequences when we describe how codes (and categories) relate to each other in mental processes (see preliminary findings section).

Knowledge About Students' Cognitions

The following two codes are developed in vivo and irrespectively of being appropriate or not with respect to the represented concept (usually 7×3 is not considered to be most difficult). They are both assigned to knowledge about students' cognitions because they deal with the question what students will find hard or confusing (cf. Ball et al., 2008) (Tabelle 5.9).

Tabelle 5.9 Example Codes sand Codings

Code	Example (coding)
7 × 8 and 7 × 3 are most difficult	„I think that 7 × 8 and 7 × 3 are most difficult.“
Multiplication Poster is confusing at first	„All at once [there are all multiplications up to 10 in the Multiplication Poster]. That is confusing. I mean the students cannot easily assess it.“

Curricular and Teaching Related Knowledge
The notation of „core multiplications“ concerns a certain approach to the multiplication table which is popular in Germany and Switzerland. It denotes the strategy of reducing an arbitrary multiplication to multiplications with factors 1, 2, 5 or 10 (core multiplications), e.g. $7 \times 8 = 5 \times 8 + 2 \times 8$, by applying the distributive property. The core multiplications are examined in detail from second grade on. This strategy is contained by many textbooks and standards for second grade (Tabelle 5.10).

Tabelle 5.10 Example Codes and Codings

Code	Example (coding)
Core multiplications	„For example, second graders work intensively with the 1, 2 and 5 series. In classes you normally start with them and build on them.“

The utterances „second graders work intensively with“ and „you normally start with them and build on them“ were taken as indicators for teaching-related knowledge [cf. curricular knowledge about textbooks and standards, Shulman (1986)]. Alternatively, one may interpret this approach as a common way of making the multiplication table comprehensible. As in this case, it is not always easy to distinguish between curricular and teaching-related knowledge [cf. „knowledge of content and teaching“ , Ball et al. (2008)]. One may also think about assigning the code additionally to content knowledge. However, the focus on curricular aspects and the absence of mathematical analysis is an argument against it.

Content Knowledge

When codes refer to mathematical facts, concepts, procedures or other more syn- tactical forms of knowledge, they were assigned to content knowledge (Tabelle 5.11).

Tabelle 5.11 Example Codes and Codings

Code	Example (coding)
Breaking apart	„One can use the 2 and 5 series as a basis. When you know the 5 series you can go ahead from here. For 9×8 you don't have to count 9 so often. You can take 5×8 and then proceed."
Associative law	„It doesn't matter where you start from. $3 \times 3 \times 3$ is the same as 3×9 or 9×3."

The first code example was assigned to content knowledge because the concept of core multiplications (see above) is addressed here from a mathematical point of view (the strategy of „breaking apart" is explained with an example without referring to the distributive property explicitly). The second code example again refers to a fundamental mathematical concept, the associative law.

According to the second research question we seek to investigate the integration of concepts by detecting the participants' mental processes. We ask questions such as „How does the interviewed person proceed in this situation; how does the person make a connection between different domains of knowledge?" and go through all the interviews again. We tried to find answers by writing memos and analytic stories considering the paradigm, the dimensions and the questions that enhance theoretical sensitivity proposed by Strauss and Corbin (1996).

5.4.6 Preliminary Findings

As mentioned above, the analysis is still in progress. For the moment, we are able to present preliminary findings. Despite its preliminary character, these findings are meaningful in order to illustrate that our analysis is appropriate to reconstruct mental processes which appear to be informed by (math-specific) knowledge domains. First, we refer to our empirically grounded differentiation of knowledge domains. Second, we refer to the integration of knowledge domains by presenting to examples of mental processes.

Prospective Elementary Teachers' (Math-Specific) Knowledge Domains
So far, the analysis revealed four different domains of knowledge which we briefly describe in the following (for examples of codes relating to the respective knowledge domain see analysis section).

- *Knowledge about students' cognitions*: This domain of knowledge combines knowledge of mathematics and the learners of mathematics. It covers mathematics-related knowledge about (task) difficulties, conceptions and misconceptions, behavior patterns and „thinking paths“ of elementary students. However, it does neither refer to "pure" mathematical knowledge even though it is used to identify student errors nor to knowledge about students which is not math-specific.
- *Curricular and teaching-related knowledge*: Curricular knowledge is knowledge about teaching standards, teaching programs, textbooks and other associated materials. It deals with the question which demands or representations are included and how they are sequenced in the standards, textbooks etc. Teaching-related knowledge is knowledge about the use of valuable representations of mathematics in terms of temporal sequences in the context of classroom teaching.
- *Content knowledge*: This domain includes substantial and syntactical as well as conceptual and procedural knowledge about the subject content which underlies the teaching of mathematics in elementary classes (in Switzerland first to sixth grade). Ideally, content knowledge is profound according to Ma (1999). However, we avoid making further claims about its quality in order to make it possible to capture any kind of content knowledge (since our focus of research is on the integration of knowledge domains).
- *Didactical knowledge*: This is the only domain of knowledge which is not content-related. It comprises general pedagogical and psychological knowledge such as knowledge about learning theories, forms of teaching and learning, teaching strategies, didactical principles or methods of assessment.

Knowledge about students' cognitions, curricular knowledge, and teaching-related knowledge can be considered as dimensions of our empirically grounded conceptualization of prospective teachers' PCK which closely sticks to types of knowledge known from the literature. However, differences remain. For example, so far we were not able to distinguish between curricular and teaching related knowledge (see above) or between „specialized content knowledge“ and „common content knowledge“ as proposed by Ball et al. (2008). In addition and in contrast to conceptualizations of professional knowledge, we also assigned incomplete, subjective, or experience-based knowledge to the respective domains. The findings presented above more serve the purpose of creating the necessary foundation to investigate the integration of prospective teachers' knowledge instead of representing a new contribution to the research of (professional) knowledge.

Mental Processes in Which Different Mathematics-Related Knowledge Domains are Activated

In the following we present two examples of prospective elementary teachers' mental processes which involve the activation of different mathematics-related knowledge domains. The mental processes are illustrated by sequences of codes and codings which appear in the original sequence as it has been found in the interview. Partially, the same codes and codings were discussed separately in the analysis section in order to illustrate the development of codes and its assigning to categories.

Evaluating Typical Task Difficulties from a Mathematical Point of View

This type of process involves mathematical analysis and thus the activation of content knowledge to evaluate the difficulty of tasks for children. In the example below, the prospective teacher first relies on his content knowledge when evaluating which tasks may be easy or hard. He identifies prime numbers. Probably he assumes multiplications with prime numbers to be more difficult because prime numbers have no factors apart from 1 and itself (and thus cannot be computed as easy as others by applying strategies such as breaking apart). In a second step, he argues that multiplications with the prime numbers 2 and 5 are easy. According to the multiplication with 5, he again relies on content knowledge by referring to the special role of 5 in the decimal system. According to the doubling, he knows that this is easy for second graders. Finally, this leads to the judgment that the 3 and the 7 series are most difficult (knowledge about students' cognitions) (Tabelle 5.12).

Tabelle 5.12 Example Codes and Codings

Code sequence	Example (coding)
Prime numbers role of 5 in the decimal system	„Well, 7 is a prime number. And 5 of course is also a prime number. But it is the half of 10. Thus you can handle 5 more easily. 3 also is a prime number.
Doubling is easy	And 2 and 1 series are easy for the students at that level.
3 and 7 series are most difficult	So, I think the 3 and 7 series are most difficult for the pupils.“

Remembering Content Knowledge in the Function of Illustrating Curricular or Teaching-Related Knowledge

In most of the interviews it appeared that content knowledge was mainly activated in a context of expressed curricular or teaching-related knowledge. In this case, the participants first relied on their curricular or teaching-related knowledge. For instance, they talked about the sequencing of tasks or topics in class, about teaching materials and so on. In the following, content knowledge was activated in the function of illustrating these statements by explicitly connecting the sequencing of tasks or the use of materials in class with mathematical concepts. In the example below, the student indicated the mathematical concept of „breaking apart“ with an example in order to illustrate the prior statements. Interestingly, content knowledge was activated very often in the context of articulated curricular or teaching-related knowledge. Conversely, participants never relied on content knowledge primarily (i.e., in order to fully analyze the mathematical potential of the Multiplication Poster) or activated pedagogical content knowledge in the context of articulated content knowledge (Tabelle 5.13).

Tabelle 5.13 Example Codes and Codings

Code sequence	Example (coding)
Core multiplications	„For example second graders work intensively with the 1, 2 and 5 series. In classes you normally start with them and build on them.
Breaking apart	One can use the 2 and 5 series as a basis. When you know the 5 series you can go ahead from here. For 9×8 you don't have to count 9 so often. You can take 5×8 and then proceed.“

5.4.7 Discussion

Although the analysis is still in progress, we find hints that it is possible to investigate the mathematics-related knowledge and its integration by applying the described method. We presented examples of our preliminary findings which illustrate the reconstruction of mental processes.

In their bachelor degree courses the participants of our study attended courses which have a strong emphasis on either content knowledge (such as „Elementary Algebra and Arithmetic“ or „Geometry and Applied Mathematics“) or pedagogical content knowledge (such as „Mathematical Thinking of Children“ or „Planning and

Implementation of Mathematics Instruction“). Moreover, the participants had no or limited teaching experiences. Therefore, it can be said that (to a certain extent) the initial teacher education program dealt with the dimensions of subject matter and pedagogic content discretely. Nonetheless, it becomes apparent that the reconstructed mental processes demonstrate how prospective elementary teachers integrate mathematics-related knowledge even at an early stage of preparation. Moreover, the participants never primarily and predominantly relied on content knowledge in these processes so far. We interpret these preliminary findings to oppose the widespread view that domains of knowledge develop independently at first and become more integrated with time.

As reported in the overview section, some studies focused on the conditions of the development of PCK. According to Krauss et al. (2008), for instance, CK facilitates the development of PCK. However, statements like this are formulated in a fairly general manner and do not really help us to understand how cognitive processes look like. Thus, the future findings of our qualitative analysis may help to complement previous studies. For instance, the example we discussed earlier with respect to the process of „Evaluating typical task difficulties from a mathematical point of view“ can be interpreted to demonstrate qualitatively the possibility of developing knowledge of students’ cognitions by relying on content knowledge.

Even though we did not analyze the (content) knowledge in terms of correctness or profoundness, we interpreted the reconstructed mental processes afterwards with respect to these qualities. For example, in many processes the full mathematical potential of the Multiplication Poster remains unrecognized which is probably due to limited content knowledge. We conclude that it may be valuable to connect mathematical concepts with pedagogy and pedagogical content at an early level of teacher preparation. The use of mathematics-pedagogy tasks proposed by Lin and Hsu (this volume) can be considered as a possible approach to meet this objective. Admittedly, it is necessary to be careful with generally formulated implications, among other things because teacher preparation programs in other countries or at other school levels may have different requirements.

After completing our analysis it may be necessary to stabilize, specify or complement findings by refining the sample. Moreover, we plan to compare our findings for prospective elementary teachers with the integration of knowledge domains of mathematics teacher educators. By interviewing teacher educators we hope to make professional knowledge structures visible in terms of their mental processes.

5.5 Pilous & Leuders: How Do Mathematics and Pedagogy Come Together? – Towards a Theory of Integration of Teacher Knowledge Components

Abstract: During teaching-related activities, teachers access multiple components of professional knowledge. The integration of such knowledge components is of great interest in research. However, this branch is multi-faceted and in need for more common understanding of the notion of integration. This study investigated the integration in terms of individual connections that teachers draw between mathematics-related and pedagogical knowledge components. For that purpose, six prospective elementary mathematics teachers with diverse background and expertise were asked to think aloud while reflecting teaching material and planning teaching situations with respect to arithmetic teaching. In this paper, we describe separable components of mathematics-related and pedagogical knowledge and cognitive processes that draw on these components. Findings indicate that the prospective teachers connect knowledge components in two ways: (1) to enhance the quality of pedagogical argumentations by flexibly relating components to each other and (2) to compensate for required but missing knowledge by constructing the respective knowledge from alternative components.
Keywords: mathematics education, preservice teachers, teacher knowledge, pedagogical content knowledge, elementary school mathematics, cognitive processes

5.5.1 Introduction

The distinction between *content knowledge* (CK), *pedagogical content knowledge* (PCK), and *pedagogical knowledge* (PK) is one of the most influential ideas in the educational research on professional knowledge of (mathematics) teachers. However, it is open to scholarly debate how these knowledge domains relate to each other. Different understandings of these relations can be associated with scholars' different assumptions concerning the nature of teachers' knowledge and the resulting conceptualizations of CK, PCK, and PK, as well as – and this will be a special point of this paper – with their different stances of how the notion of *relationship* should be interpreted.

As Depaepe et al. (2013) have pointed out, there is a growing body of studies in mathematics education that has empirically investigated the relationship between CK and PCK based on conceptualizations of CK and PCK defined for this purpose. However, this empirical research on the relationship turns out to be multifaceted. The following lines of empirical research can be distinguished according to Pilous et al. (2017, 2018) studies on the possibilities of empirically separating CK and

PCK by detecting interindividual differences, studies on CK and PCK depending on institutional or personal characteristics, studies on the integration of CK and PCK (see below), and lastly studies on the co-development of CK and PCK, specially the development of PCK over time and depending on CK.

The study presented here pertains to the third line of research – the integration of CK and PCK. Unfortunately, the term integration has many meanings and is not used consistently in the literature. According to Escudero & Sanchez (2007), for instance, integration refers to teachers' knowledge domains being situated in the act of teaching. Their focus of research is to identify this integrated knowledge and its influence on teaching. Park & Chen (2012) consider studies that investigate „how a single component [of PCK] affects another component" (p. 926) as an approach to understanding integration. Their own research, however, regards integration as interaction processes defined as „how individual knowledge components are connected with others" (p. 926). Furthermore, Ball (1988) uses the terms interaction and integration simultaneously and focuses on the justification of teachers' decisions when they draw on different domains of knowledge („pedagogical reasoning" , p. 170 ff.). Lastly, Bromme (1992) analyzed lesson preparations of teachers to unfold the subject matter knowledge and pedagogical knowledge as they implicitly shape the – as he calls it – subject-matter specific knowledge as a facet of teachers' PCK. This facet is proposed to be the product of cognitive integration of knowledge from different domains.

Note that the given list of research on integration of teacher knowledge is far from exhaustive or representative. Nonetheless, it already becomes apparent that all these approaches must be considered important, as they help us understand the integration of knowledge domains from complementary perspectives. Given the heterogeneity of meanings, we propose to distinguish at least between the following four cognitively oriented perspectives on integration:

a) the situatedness of teachers' knowledge and how it informs their behaviour in teaching-specific contexts,

b) influences of limited or interindividually varying knowledge in a domain on knowledge in another domain,

c) individual connections that teachers draw between knowledge domains during typical activities such as solving tasks, and

d) the organization of knowledge from different domains within a representational structure.

Previous cognitively oriented studies in mathematics education that took into account predefined conceptualizations of CK and PCK often focused integration according to (a) the situatedness of teacher knowledge (Charalambous, 2015; Escudero & Sanchez, 2007; Rowland et al., 2005; Schoenfeld et al., 1999; Sherin et al., 2000; Speer & Wagner, 2009), or according to (b) the effects of limited or interindividually varying CK on PCK (Ball, 1990; Even, 1993; Ma, 1999; Meredith, 1995; Norton, 2019). We find that it seems rather open to scholarly debate in mathematics education whether to substantiate and conceptualize integration according to (c), that is, individual connections that teachers draw between knowledge domains during reflection. Some studies have contributed to this perspective (Ball, 1988; Orrill & Kittleson, 2015; Watson & Barton, 2011) but have not empirically investigated individual connections across differentiated domains of knowledge. Lastly, in mathematics education few studies have investigated (d) the cognitive organization of knowledge (Lehrer & Franke, 1992)

Previous large-scale studies have considered constructs of interindividual differences (based on correlational findings between mathematics-related CK and PCK) rather than cognitive models (Blömeke et al., 2010a,b; Hill et al., 2004; Krauss et al., 2008). One of the reasons may be the shortage of theoretical models or frameworks with respect to the perspectives on integration discussed above. It may be valuable to conduct exploratory studies to generate elements of an empirically grounded theory of integration of teacher knowledge.

In this article, we seek to contribute to a theory of integration of teacher knowledge, exemplified in the area of mathematics education and focusing on perspective (c), that is, individual connections that teachers draw between knowledge domains. We report on an exploratory qualitative study with regard to the development of an empirically grounded framework for describing the role of PK, CK, and PCK in cognitive processes underlying teaching-specific tasks. Before we present our own research, however, we examine the literature with respect to the proposed conceptualizations of the integrated nature of teachers' knowledge.

5.5.2 The Nature of Teachers' Knowledge

To examine different models of teachers' knowledge, Gess-Newsome (1999) distinguished between an *integrative model* and a *transformative model* as two extremes of a continuum of models. According to the integrative model, PCK does not exist. Instead, teachers integrate subject matter, pedagogical, and contextual knowledge in teaching-specific situations. Consequently, being an expert teacher means having elaborated knowledge in each of the relevant domains and being flexible and fluent in its active integration. According to the transformative model, PCK exists as a static domain that is accessible independently from context and that represents a „synthesis of all knowledge needed in order to be an effective teacher“ developed from „the transformation of subject matter, pedagogical and contextual knowledge into a unique form“ (Gess-Newsome, 1999), p. 10.

Though it is hardly possible to label existing models from the literature as purely integrative or transformative, they can be classified within the spectrum to correspond instead to one or the other. According to the transformative model, Shulman (1987) characterizes PCK as an „amalgam of content and pedagogy that is uniquely the province of teachers, their own special form of professional understanding“ (p. 8). As support for the integrative model, for instance, Bednarz & Proulx (2009) stress the situated nature (context-specific), the nested nature („intertwined“ and „indissociable“ in practice, p. 14), and the dynamic nature of teachers' knowledge („developed in the action of teaching“ and „deployed on-the-spot“ , p. 15).

The transformative model risks ignoring the influence of the context (Gess-Newsome, 1999). Following Petrou & Goulding (2011), who have summarized further criticism of Shulmans' (1987) static model of PCK, the transformative model also tends to neglect the interaction between the knowledge domains and ignores its dynamic nature. On the other hand, ignoring PCK as a unique and distinct domain of knowledge in the integrative model may not be helpful both in the research and practice of teacher education. In fact, the majority of the models fall between these ends of the spectrum and represent a compromise of the two extremes: „PCK then is a unique domain that does not totally subsume all other knowledge, allowing for distinctions within and across domains“ (Gess-Newsome, 1999, p. 13). It is conceived as a distinct domain of knowledge that interacts with the other relevant domains, such as pedagogical or content knowledge (Fennema & Franke, 1992; Petrou & Goulding, 2011) and that is constructed individually by integration of the respective domains (Cochran et al., 1993; Hashweh, 2005). We agree with this constructivist, dynamic, and interactive conception of teachers' knowledge. However, we also point to the problem that the notion of interaction or integration is not well defined in this context (see introduction).

According to Gess-Newsome (1999), midpoint positions as discussed above entail the risk that PCK is less theoretically powerful and difficult to distinguish from other relevant domains. Among others, the PCK model by Park & Oliver (2007) considers these criticisms. They conceptualize PCK as a separate domain of knowledge (among the other distinct domains of CK and PK) by proposing discrete knowledge „components“ of PCK as a heuristic tool (p. 264). However, PCK is not simply the summation of these components from a static perspective. Rather, the components serve as potential sources of individual knowledge integration that give rise to personal constructions of PCK. Therefore, the model responds to the dynamic nature of teachers' knowledge but nonetheless conceives PCK as a distinguishable domain. By referring clearly to components that constitute PCK it tries to avoid an unclear distinction between CK and PCK.

This approach is connected to empirical investigations that focus on the integration of PCK with respect to its distinct components. Based on the model by Park and Oliver (2007), for instance, Park and Chen (2012) empirically mapped out the integration by identifying and counting teaching segments in videotaped sessions which indicated the presence of at least two (arbitrary) components of PCK. The application of such an enumerative approach (counting the number of respective connections) provides a clue to the validity of the assumption of different components. However, the question how (prospective) teachers integrate the components remains to be addressed theoretically and empirically. Moreover, it could be interesting to extend this kind of investigation to the integration of CK, PK, and the components of PCK. Notwithstanding these limitations, we believe these studies indicate a promising approach to empirically investigating the integration as the reconstruction of connections that (prospective) teachers draw between heuristically seen separate components of knowledge.

5.5.3 Focus of Research

In this qualitative study, we focus on prospective elementary teachers' ways of integrating pedagogical and mathematics-related knowledge components. More precisely, by *integration* we understand the ways components of PK and mathematics-related CK and PCK (from now on simply referred to as CK and PCK) inform prospective teachers' cognitive processes when they deal with typical demands in teaching-specific contexts. Hence, *integration processes* are defined as cognitive processes that are based on different *components* of knowledge. As in Park and Oliver (2007), the term component is used to refer to constituting and clearly distinguishable parts of PCK in the sense of a heuristic tool. To emphasize the assumed separability of CK and PK, we also refer to CK and PK as components of knowledge in the following. Our conceptualization of integration can be considered an adaptation of the approach by Park and Chen (2012) at a cognitive level and as an extension to CK, PK and the components of PCK. Thus, we pursue our aim to develop a framework of integration processes according to prospective elementary teachers' PK, CK, and PCK. We consider this approach to be important in helping us understand the integration of professional knowledge structures with respect to the third perspective distinguished above, that is, individual connections that teachers draw between knowledge domains. Investigating integration this way may reveal new findings with potential consequences for the preparation of prospective teachers.

Obviously, it is not possible to observe cognitive processes directly, such as to remember, understand, apply, analyse, evaluate, or create (Stern 2017). However, it is possible to analyse observable behaviour (e.g., verbal reports based on think-aloud interviews, see „Methods“ section) to generate hypotheses about cognitive processes in which different knowledge components are activated (Funke & Spering, 2006).

The integration processes of (prospective) teachers may depend on the amount of professional training and their experiences. We decided to restrict our study to prospective teachers in order to learn about integration processes in the first phase of teacher education when the knowledge components and processes initially emerge. We also assume it to be easier to access and distinguish such components at this level of professional training since novices access them in a more analytical way than do experts (Bromme 1992; see „Methods“ section). Lastly, in order to generate comparisons, it is reasonable to focus on a specific content area and even on specific content. We therefore chose a topic from arithmetic that plays a central role in elementary mathematics.

According to our characterization, integration processes are based on components of teachers' knowledge that are activated in the processes. Hence, it is not possible to investigate integration without identifying and describing clearly distinguishable components of knowledge that apply to the data of research. Later research with different teachers or different mathematical topics may reveal a somewhat different system of components but similar phenomena of integration. Consequently, a two-fold approach is followed, which is reflected in the two research questions:

(1) Which components of prospective elementary teachers' pedagogical and mathematics- related knowledge can be distinguished within their attempts to solve fictional pedagogical tasks in arithmetic teaching?
(2) Which integration processes during the solution attempts can be reconstructed?

Before unfolding the methodology, we add a critical reflection on the first research question: Why do we seek to distinguish and describe knowledge components through empirical analysis even though there exist well-established conceptualizations in mathematics education that allow one to distinguish between CK and PCK (e.g., Ball et al., 2008)? The purpose in answering the first question is not to construct an alternative general model of teacher knowledge, but to generate components that fit to our data by taking into account possible content and person-specific phenomena, and thus allowing us to achieve our main research goal to characterize the teachers' knowledge integration as the reconstruction of individual connections between knowledge elements from separate components (second question).

As argued above, our approach builds on disjoint components that enable us to clearly assign elements of knowledge. Existing conceptualizations of teachers' mathematics-related CK and PCK may entail the risk of unclear assignments of knowledge pieces during the analysis of data, partly due to its transformative character, but also to hybrid characterizations. For instance, consider the model of mathematical knowledge for teaching (MKT) by Ball et al. (2008). The proposed domains of PCK are already conceptualized in an integrated way as a combination of knowing about content with knowing about students, teaching and curriculum. Moreover, the definition of „specialized content knowledge" (SCK) does not allow one to distinguish it clearly from PCK (Petrou & Goulding 2011). Lastly, implicit definitions of domains as resources that underlie certain tasks make it difficult to use MKT as a predefined model for analysing integration processes. SCK, for example, is said to underlie the analysis of common errors. At the same time, however, recognizing common errors is said to require „knowledge about content and students" (KCS), which „combines knowing about students and knowing about mathematics" (Ball et al., 2008, p. 401). Moreover, „common content knowledge" may underlie the analysis of errors too, for instance the recognition of wrong answers (p. 401).

As outlined above, within this study, it is neither possible nor desirable to develop an entirely new model or to ignore existing conceptualizations. Hence, we aim to develop an empirically grounded framework with disjoint components of teacher knowledge by pragmatically modifying and synthetizing existing conceptualizations of PK, CK and PCK based on the analysis of our sample (see „Analysis" section).

5.5.4 Method

Six prospective elementary teachers participated in our interviews, which lasted between 40 and 60 minutes each. All six interviews were transcribed verbatim. The acquisition (theoretical sampling) and analysis of data (constant comparison) were largely based on the Grounded Theory approach (Strauss & Corbin, 1996), which is adequate for developing theory from empirical interview data. Data analysis was carried out using the software QDAMiner 5.

Task-Based Interviews

We assume that knowledge components and integration processes can best be investigated in situation-specific contexts. Within the setting of elementary mathematics teacher preparation, we consider the use of pedagogical tasks that involve mathematical work to be common contexts for student teachers.

In previous studies, task-based interviews were applied successfully for the investigation of teacher knowledge or beliefs (Ball, 1988; Biza et al., 2007; Ma, 1999). In this type of semi-structured interviews, excerpts from textbooks or other curriculum materials are often used as a basis for questions concerning teachers' tasks. In this study, we pursued this method by asking the participants to plan a fictional lesson with second graders using the so-called Multiplication Poster by Wittmann (1998). The multiplication poster can be considered a representation of a holistic approach to the multiplication table, which can be linked to tasks that are typical for arithmetic teaching in elementary classes (for more details see next subsection).

Bass & Ball (2004) analysed the mathematical demands that occur in the practice of elementary mathematics teaching and presented a list of core tasks that require mathematical knowledge:

> [S]etting and clarifying goals, evaluating a textbook's approach to a topic, selecting and designing a task, re-scaling tests, choosing and using representations, analyzing and evaluating student responses, analyzing and responding to student errors, managing productive discussions, figuring out what students are learning [...]. (Bass & Ball 2004, p. 296)

Depending on the participants' responses to the planning task, the interviewer referred to these core tasks by Bass and Ball (2004), which were addressed in the interview setting, by asking the questions given in Tabelle 5.14.

Tabelle 5.14 Questions used in the interviews to address core tasks by Bass and Ball (2004)

Interview question	*Reference to task*
„What are the goals you want your students to reach?"	Setting and clarifying goals
„What do you think about the poster in terms of learning the multiplication series?"	Evaluating a textbook's approach to a topic
„What questions or tasks etc. do you present to your students (in second, third and fourth grade)"	Selecting and designing a task
„How do you promote an understanding of multiplication?"	Choosing and using representations
„Given this student document [which was handed out to the interviewee], what do you think about the approach and what would you respond?"	Analysing and evaluating student responses, analysing and responding to student errors

The participants were instructed to think aloud as they processed the tasks and were not asked to give reasons or explanations for their statements. Therefore, the gathering of data can be considered a form of think-aloud interview procedure used to measure information processing in problem-solving (Leighton, 2017). Since the processing of the tasks presented above can be considered as problem-solving in teaching, this one-to-one interview method is appropriate for investigating cognitive processes qualitatively. This procedure corresponds to the intended exploratory character of the study, which rather aims at contributing an empirically grounded framework of integration processes, instead of testing an a priori given cognitive model in a confirmatory manner (e.g., according to Leighton, 2017).

Sampling

Qualitative research using a small sample risks overemphasizing individual cases, since prospective teachers' abilities and backgrounds are very diverse. To avoid this problem, the sample was drawn according to the maximum variance principle (Patton, 1990). All participants were bachelor's students in an elementary education programme in Switzerland and had no or very little practical experience (cf. section „Focus of Research"). However, the participants varied with respect to school-leaving qualification in mathematics, status as first-degree or second-degree students, self-assessment of mathematics-related performance in school and teacher education programme, number of semesters spent in the teacher education programme, completed mathematics-related courses, and finally, their emphasis on mathematics or mathematics education (in the programme, students were able to decide whether to complete the mathematics-related courses with an examination in mathematics or mathematics education). For instance, three participants were enrolled in the second semester (and attended the mathematics-related courses „Elementary Algebra and Arithmetic" and „Mathematical Thinking of Children"); one was enrolled in the third semester (and additionally attended the course „Geometry and Applied Mathematics"), and two were enrolled in the fourth semester (and additionally attended the course „Planning and Implementation of Mathematics Instruction").[4]

[4] Later we will illustrate our findings by presenting the case of Amelie. This participant, for instance, graduated from Gymnasium with average success in mathematics, had medium to low self-esteem in terms of mathematics-related performance, was enrolled within the third semester as first-degree student, and decided to emphasize mathematics in her course of study. At the point she was interviewed, she had completed the courses „Elementary Algebra and Arithmetic" and „Mathematical Thinking of Children".

Courses with an emphasis on mathematical content („Elementary Algebra and Arithmetic" and „Geometry and Applied Mathematics") focused on mathematical concepts and structures. For instance, the course „Elementary Algebra and Arithmetic" focused on concepts and structures that underlie natural number operations within decadic and non- decadic place value systems. However, mathematical considerations were often framed with typical tasks from textbooks, requirements from national teaching standards, and student documents. For instance, the multiplication poster presented above was used as a starting point to address the commutative, associative and distributive laws of multiplication, including iconic justifications and the respective relationship to multiplication strategies, which are applicable in the context of the multiplication poster. In particular, students were confronted with the strategy of breaking apart (and its relation to the distributive law), the strategy of inversely manipulating the factors (and its relation to the associative law), as well as the strategy of inverting the sequence of the given factors (and its relation to the commutative law). Moreover, the students were asked to compare the results of certain fields within the multiplication poster (e.g., comparing 4 times 4 with 3 times 5, 5 times 5 with 4 times 6, and so on), to make conjectures and to justify them based on mathematical concepts and structures (e.g., patterns within the multiplication table).

As in this case, however, the initial representation or task was only given as a starting point to approach mathematical questions in content courses. Hence, the courses with emphasis on mathematical content did not explicitly address the tasks by Bass and Ball (cf. section „Task- Based Interviews") or aspects of mathematics-related pedagogical content knowledge. In contrast, the courses with emphasis on mathematics education („Mathematical Thinking of Children" , „Planning and Implementation of Mathematics Instruction") dealt with mathematics-related pedagogical content knowledge about student cognition, teaching standards, criteria for tasks, and the planning of instruction with respect to the learning of mathematics. In these courses, students were often confronted with the tasks given by Bass and Ball, which were again framed by typical tasks from textbooks, requirements from national teaching standards, and student documents. For instance, in the course „Mathematical Thinking of Children" students were asked to evaluate the role of the multiplication poster within the textbook's approach to multiplication or to evaluate student responses with respect to the multiplication strategies mentioned above. To a certain extent, all courses (whether emphasizing mathematical content or mathematics education) used identical tasks as a framework in order to facilitate students' ability to make connections between their acquired knowledge across the courses.

Analysis[5]

The analysis was carried out in three steps, which are described as follows. In the first step, *open coding* involved constant data comparison and asking questions such as „Upon what knowledge does the interviewee draw in the situation?" These were core elements of this step, which very closely sticks to the data. The goal was to explore the knowledge that the participants refer to in the interviews. Codes were assigned to segments of data if a certain concept was reflected (a piece of knowledge) according to our interpretation. The meaning of concepts represented by the codes was established by comparing data and writing memos.

The open coding step was carried out in a highly inductive manner. This means that the names of codes were mainly developed in vivo (names were derived directly or with little variation from the data) or from the data in the sense that concepts are grounded in the data and named during the analytical process. To remain open to the data, a sentence-by-sentence coding was applied to the transcripts.

Simultaneously, similar concepts were grouped and summarized under categories (knowledge components) according to shared properties. At first, assigning these codes to categories and thus to components of conceptual knowledge was based on our theoretical sensitivity according to existing models of teachers' mathematics-related knowledge, such as Ball et al. (2008), Krauss et al. (2008), and Shulman (1986). Similar to Marks (1990), this provided a generic structure that served as an initial point from which to further apply the method of constant comparison. The procedure resulted in disjoint categories and thus separate components of knowledge.

As outlined above, we agree with a constructivist conception of teachers' knowledge. Individual constructions of knowledge components may cover subjective, incomplete, or even incorrect forms of knowledge, particularly in the first phase of teacher education. Thus, we were not only interested in knowledge that can be considered as correct from a normative point of view but also considered incomplete, subjective, or experience-based knowledge: statements were not evaluated as right or wrong, but as comprising a certain kind of knowledge.

In the second step, *axial coding*, we detected the participants' cognitive processes, which include the activation of concepts from different components of knowledge (integration processes). Therefore, relating concepts and categories according to the process of axial coding is affiliated with the second research question within the analysis. To reduce complexity, we only considered integration processes in the analysis, which are based on two components. We asked questions such as „How does the interviewee proceed in this situation?" or „How does the person make a

[5] The paragraphs in this subsection are adapted from Pilous et al. (2018)

connection between two different components of knowledge?" and went through all the interviews again. We tried to find answers by coding segments of data that reflected integration processes and by discussing its meaning in further memos. Constant comparison led to a set of integration processes.

In the third step, referred to as *selective coding* by Strauss and Corbin (1996), the set of integration processes was analysed again in order to find overarching core categories representing the intended framework of integration of knowledge components. The analysis was carried out similar to the process of axial coding. However, the key questions guiding the analysis here were „What are the processes' essential combining and differentiating factors? and which processes can be combined at a more abstract level?"

The results of the analysis process are presented in the next section. Particularly, we illustrate the emergence of integration processes and codes assigned to knowledge components by providing excerpts from the interview data.

5.5.5 Findings

Firstly, separate knowledge components were substantiated by the analysis of our interviews (first research question). Secondly, prospective teachers' processes of using and integrating knowledge from these components were reconstructed (second research question). In the following, we present our findings with respect to these two steps. According to the second step, we provide the framework of integration processes and present a detailed analysis of interview excerpts from one participant. In this section, all quotations are taken directly from the interview data. Single quotation marks refer to codes that represent pieces of knowledge that were assigned to a knowledge component.

Knowledge Components

A detailed analysis of the interviews revealed an empirically grounded description of prospective elementary teachers' mathematics-related and pedagogical knowledge. In the following, we present and explain the identified five components and their reference to the domains commonly used in the literature.

Pedagogical knowledge is the only knowledge component in our framework that is not mathematics-related. It comprises general pedagogical and psychological knowledge about learners, learning and teaching (such as learning theories, forms of teaching and learning, teaching strategies, pedagogical principles, or methods of assessment). This characterization essentially coincidences with the description of pedagogical knowledge by Shulman (1987) and Bromme (1992).

Content knowledge includes knowledge about the mathematical content that underlies the teaching of mathematics in elementary classes (in Switzerland, first to sixth grade). It deals not only with mathematical concepts and procedures but also with concepts that refer to the mathematical work and the nature of mathematical knowledge. Typical codes assigned to conceptual content knowledge are the 'principles of the decimal system' (continued grouping and place value), the 'Distributive law', or the 'Fundamental theorem of arithmetic', whereas knowing about the 'role of counterexamples' represents an example that refers to the mathematical work.

Our characterization of content knowledge replicates the distinction of the dimensions *of* knowledge of mathematics and *about* mathematics by Ball (1988). The latter dimension goes beyond purely mathematical concepts and procedures („where it [mathematical knowledge] comes from, how it changes, and how truth is established" ; Ball, 1988, p. 15) and refers to the syntactic structure of mathematics (as discussed by Shulman 1986). Hence, we allowed for a rather broad category. Moreover, we avoided making further claims about its quality (e.g., profoundness as introduced by Ma, 1999) to make it possible to capture and describe any kind of prospective teachers' content knowledge.

Our characterization of *student-related* knowledge echoes findings by Marks (1990). It includes mathematics-related knowledge about (1) elementary students' learning processes, (2) their understandings, (3) their common errors, and (4) the things they will find easy or difficult. According to (1), for example, some participants emphasized how students learn the multiplication tables best. Students' understandings (2) were addressed by referring to students' conceptions of, or approaches to, mathematical objects. For example, a participant said that second-grade students tend to apply continued addition when they are confronted with multiplication tasks. (3) refers to students' typical misconceptions or mistakes, and (4) refers to typical task difficulties such as the relative difficulty of multiplications with factor seven.

The substantive characterization of student-related knowledge given above deals neither with knowledge about students that is not math-specific nor with mathematical knowledge. Although it entails a connection with mathematics it cannot be conceived as a form of mathematical knowledge. Rather it is knowledge about students' cognitions with respect to the learning of mathematics. Consequently, in our framework, we do not assume content knowledge to be a prerequisite of student-related knowledge per definition and consider content knowledge and student-related knowledge to be distinctive components (e.g., in contrast to the conceptualization of knowledge of content and students defined by Ball et al., 2008).

Therefore, in the analysis we assigned the corresponding codes (which match the descriptors (1)–(4) given above) to student-related knowledge only. However, if there were further, more explicit or sophisticated references to content knowledge in the data, new codes were developed and assigned to content knowledge. This approach also holds with respect to the following components.

Curricular knowledge is, on the one hand, knowledge about teaching standards and teaching programmes. It therefore deals with the question of what kinds of concepts, procedures, or more process-related skills are students supposed to acquire in elementary and secondary grades. On the other hand, it is also knowledge about the textbooks used in elementary mathematics teaching and other associated materials. The second aspect deals with the question of which approach and representations are included (and for which purposes) in the textbooks and how they are sequenced or connected to each other. This characterization echoes essential aspects of Shulman's (1986) curricular knowledge (e.g., curriculum materials).

Similar to student-related knowledge, curricular knowledge is not a form of mathematical knowledge in the framework. Although it seems to be highly desirable that curricular knowledge goes hand in hand with profound mathematical understanding, it does not a priori require mathematical knowledge. As argued above, in the analysis we have assigned the corresponding codes to curricular knowledge only. When there were further content-related references in the data, additional codes were developed and assigned to content knowledge.

Neither Pedagogical, Content, Student-related, nor curricular knowledge enables decisions according to the use of representations for teaching elementary mathematics. Teaching- related knowledge is defined as being about the use of (chronological sequences of) representations for teaching elementary mathematics. Following Shulman (1986) and Ball (1988), by representation, we understand any form of analogies, pictures, examples, explanations, statements, questions, or tasks with the intension of transforming subject matter to make it comprehensible to students. Teaching-related knowledge refers to (prospective) teachers' operative routines for teaching as they are verbalized in the interview situation (scenarios of activity). Unlike student-related knowledge (dealing with individual cognition), teaching-related knowledge refers to the orchestration of the whole class. For example, a participant said that he would use the multiplication poster in class only after he had worked on the core multiplications. The corresponding code 'using the multiplications poster after working on the core multiplications' was assigned to teaching-related knowledge. Our characterization of teaching-related knowledge partially replicates the idea of subject-specific pedagogical knowledge by Bromme (1992), which also deals with forms of representations and their temporal sequences. Teaching-related knowledge, together with curricular and student-related knowledge can be considered as the constituting and distinguishable components of prospective teachers' PCK according to the framework. This perception of PCK is similar to the PCK framework defined by Appova und Taylor (2019).

Codes have been assigned to teaching-related knowledge if they deal with (chronological sequences of) representations intended to be used in the fictional teaching scenarios. When there were further references in the data, additional codes were developed in parallel and assigned to the respective components. Ideally, teaching-related knowledge is integrated such that the knowledge about the use of respective representations is warranted by considerations based on content, student-related, curricular, or pedagogical knowledge, as well as on personal experiences (see Ball 1988). Similar to the case mentioned above, however, we did not require teaching-related knowledge to be warranted. Rather, we were looking forward to shedding light on this kind of integration in the next step of the analysis of the interviews.

A Framework of Integration Processes

The analysis revealed the differentiation of two overarching categories of integration processes: (1) processes of flexibly unfolding functional relations between knowledge components and (2) processes of constructing elements of knowledge using prior knowledge.

(1) Processes of flexibly unfolding functional relations represent a rather short-term change in perspective: while relying primarily on a certain component of knowledge, another component is activated for a moment in the function of *making explicit* related knowledge or in the function of *substantiating* certain knowledge elements from a complementary perspective. For instance, curricular knowledge about a textbook's approach can be followed by the activation of content knowledge in the function of making explicit the mathematical background of the approach. By this process, student-related knowledge and content knowledge are connected. Moreover, substantiating refers to the function of making an element of a knowledge component plausible, not by providing evidence for it by drawing on further knowledge within that component, but by changing the component of knowledge and thus providing an additional perspective. For instance, knowledge about typical student errors can be substantiated by relying on mathematical concepts that help to understand why certain errors may occur. By this process, student-related knowledge and content knowledge are connected again – but in another way. Processes of flexibly unfolding relations reflect the subject's availability and coherence of multiple knowledge components and enhance the quality of their argumentations or decisions.

Theoretically, many processes of making explicit and processes of substantiating are conceivable by specifying the activated knowledge components. From the data, however, we were able to reconstruct eight different processes of connecting knowledge components according to the first category. The following Tabelle 5.15 includes only short descriptions of the processes. Hence, for further details, we refer the reader to the next subsection, where we discuss three processes of integration with reference to the case of Amelie.

Tabelle 5.15 Integration processes of making explicit and substantiating

No.	*Integration process*	*Connected components of knowledge*
IntProc1	Making explicit the mathematical background of a textbook's approaches and goals	Curricular knowledge, content knowledge
IntProc2	Making explicit the mathematical background of representations (as intended to be used in teaching)	Teaching-related knowledge, content knowledge
IntProc3	Substantiating proposals about the use of representations by referring to students understanding	Teaching-related knowledge, student-related knowledge
IntProc4	Substantiating proposals about the use of representations by relating them to general assumptions about learning	Teaching-related knowledge, pedagogical knowledge
IntProc5	Substantiating proposals about the use of representations by referencing them to requirements in teaching standards	Teaching-related knowledge, curricular knowledge
IntProc6	Substantiating assumptions about learning processes mathematically	Student-related knowledge, content knowledge
IntProc7	Substantiating assumptions about task difficulties mathematically	Student-related knowledge, content knowledge
IntProc8	Substantiating curricular learning goals by relating them to learning processes	Curricular knowledge, student-related knowledge

(2) It may be assumed that teaching-related, student-related and curricular knowledge are at the heart of the planning task as introduced in the interview situation. What happens if relevant knowledge of one of these components is missing? From the analysis, we reconstructed another overarching category dealing with processes of constructing elements of knowledge using prior knowledge. In these cases, participants draw on available knowledge of a certain component

and form an analogy to create (heuristic) elements with respect to the desired knowledge component. Compared to processes assigned to the first category, processes of constructing are more extended in time.

As discussed with respect to the first category, many processes of constructing are conceivable by specifying the activated knowledge components. From the data, we were able to reconstruct three different processes of connecting knowledge components according to the second category (Tabelle 5.16). All three constructing processes rely on curricular knowledge or on content knowledge as a starting point. A participant, for instance, relies on content knowledge during the mathematical analysis of the multiplication poster. The mathematical concepts that arise are used to form an analogy with respect to teaching-related knowledge: he proposes to provide students with the same mathematical tasks and explanations that had come to his mind during the mathematical analysis of the poster (Tabelle 5.16, IntProc 10). Another participant constructs an analogy based on the sequence of tasks given in a textbook (curricular knowledge) with respect to the intended use of representations for teaching (teaching-related knowledge) by overtaking the textbook's approach for her own teaching in a non-critical way (Tabelle 5.16, IntProc 9). For further details with respect to the processes of constructing, we refer the reader to the case of Amelie presented below.

Tabelle 5.16 Integration processes of constructing

No.	*Integration process*	*Connected components of knowledge*
IntProc9	Constructing proposals about the use of representations by adopting the textbook's approach	Teaching-related knowledge, curricular knowledge
IntProc10	Constructing proposals about the use of representations from an examination of mathematical concepts	Teaching-related knowledge, content knowledge
IntProc11	Constructing assumptions about textbooks' goals from an examination of mathematical concepts related to their representations	Curricular knowledge, content knowledge

The Case of Amelie

In the following, we aim to illustrate the emergence of integration processes and codes assigned to knowledge components by providing excerpts from the interview data. The excerpts are selected from the data of one participant, Amelie, in order to discuss a subset of integration processes in more detail. The case of Amelie was chosen since it is an example of the main type of prospective elementary teacher and of the integration of knowledge according to our sample (see „Discussion“ section).

The interview excerpts are presented within the „transcript“ column of Tabellen 5.17, 5.18 and 5.19. Within each table the excerpt preserves the continuous string of utterances as they appeared in the think-aloud protocol of the interview with Amelie. To apply sentence-by-sentence coding (see „Analysis“ section), each excerpt was divided into sentences according to the transcription of the interview data. Below, the sentences are called utterances and are consecutively numbered with respect to the lines in the tables. The tables also include codes that reflect a piece of knowledge according to the analysis of the respective data (open coding) and the assignment of codes to knowledge components (indicated in parentheses). Based on the data in the tables we discuss the emergence of three integration processes (axial coding): one process of making explicit, one process of substantiating, and one process of constructing. Integration processes are numbered according to the assigned numbers given in Tabelle 5.15 and Tabelle 5.16.

Making explicit the mathematical background of a textbook's approaches and goals (IntProc 1)

One of the first questions to Amelie was: „What do you think about the poster in terms of learning the multiplication table?“ The following excerpt is part of Amelie's reflections on this question (Tabelle 5.17).

Tabelle 5.17 Excerpt I from interview with Amelie (left column) and codes (right column)

No.	*Transcript*	*Codes and their assignment to knowledge components*
1	A: It's presented in a colourful way. It has a lot of logic, and connections between tasks become evident.	Poster is intended to help students recognize reverse multiplication (curricular knowledge)
2	A: Well, so that kids can better recognize reverse multiplications.	
3	A: For instance, 5 times 6 equals 6 times 5	Commutative law (content knowledge)

(Fortsetzung)

Tabelle 5.17 (Fortsetzung)

No.	*Transcript*	*Codes and their assignment to knowledge components*
4	A: Or that it's possible to consider a rhombus. Things like that.	Task from a textbook: Patterns within the Multiplication table (curricular knowledge)
5	A: Well, according to the connections, actually, well.	
6	A: The red fields represent the square numbers.	Square numbers (content knowledge)
7	I: Can you proceed thinking aloud?	
8	A: They work intensively with certain series. For instance, the 2 series is given as a basis, and the 5 series.	Role of core multiplications (curricular knowledge)
9	A: They're supposed to build on it.	
10	A: And the related fields are coloured in a special way.	2 series, 5 series (content knowledge)
11	A: The 2 series is blue, and the 5 series is yellow.	
12	A: This is striking.	
13	A: Students are supposed to build on it.	Role of core multiplications (curricular knowledge), see also code above
14	A: With 9 times 8 you don't have to begin at the bottom by adding 9.	Distributive law, concept of multiplication as continued addition (content knowledge)
15	A: Instead, you can take 5 times 8 and then continue by adding 4 times 9.	
16	A: According to the textbook, students are supposed to work a lot with square numbers in higher classes. Later on, they're considered frequently.	Square numbers play an important role in higher classes (curricular knowledge)
17	A: You can recognize it easily with the colours. It doesn't look bad.	
18	A: Students are supposed to start from the 5 series in the middle.	Role of core multiplications (curricular knowledge)
19	A: The 1 and the 10 series are somehow like the beginning and the end where students start from.	
20	A: Well, and doubling and dividing in half are also presented very early in the textbook.	Doubling and dividing in half is considered very early (curricular knowledge)

Amelie primarily relies on her curricular knowledge. First, she says that the multiplication poster is intended to help students recognize reverse multiplications (dealing with the same numbers in a reverse order), as shown in utterances 1 and 2. Moreover, Amelie makes a very vague connection to a task contained in another textbook (patterns within the multiplication table), in which students are supposed to discover operative relationships by forming and comparing certain sums and differences of the results inside a rhombus containing four neighbouring multiplication tasks (utterance 4). Lastly, she refers to the role of core multiplications in the textbook where the poster is included (utterances 8, 9 and 13). The corresponding codes were assigned to the category of curricular knowledge, because they deal with the instructional goal associated with the poster and the related approach to multiplication presented in the textbook (which contains the poster), as well as with further tasks related to the poster. From the context of the excerpt it is clear that the utterances reflect the instructional goal and the approach to multiplication according to the textbook, and not an operative routine about the individual use of (sequences of) representations as intended for implementation. Hence, the code 'Role of core multiplications' was not assigned to teaching-related knowledge but to curricular knowledge.

As can be seen from the interview excerpt, in two cases Amelie uses content knowledge in addition to referring to curricular knowledge (utterance 3 and utterances 14–15). After referring to the instructional goals connected to the poster, she illustrates the commutative law, and after referring to the role of core multiplications (according to the textbook) she implicitly refers to the distributive law and the concept of multiplication as continued addition. In both cases, we reconstructed the use of curricular and content knowledge to be integrated in the process of making explicit the mathematical background of a textbook's approaches and goals (IntProc1). We applied the process of making explicit to the data whenever a participant relied on content knowledge in the function of elaborating, illustrating or freely associating aspects of the mathematical background of previously mentioned curricular (or teaching-related) utterances for a moment.

Constructing proposals about the use of representations by adopting the textbook's approach (IntProc 9)

As seen above in Tabelle 5.17, curricular considerations are important for Amelie. The curricular statements given in Tabelle 5.17 are varied, are supplemented and repeated throughout the interview, and hence reflect a large part of her utterances. It is not until later, when Amelie is asked in the interview about the implementation and concrete use of the poster in a fictional lesson, that she comes up with the following responses given in Tabelle 5.18.

Tabelle 5.18 Excerpt II from interview with Amelie (left column) and codes (right column)

No.	*Transcript*	*Codes and their assignment to knowledge components*
21	A: In my own class I would probably start with doubling and dividing in half.	Representations as intended for implementation: task of doubling and dividing in half (teaching-related knowledge)
22	A: I would probably start by asking whether they can find these multiplications on the poster.	Representations as intended for implementation: questions aiming at recognizing the 2 and the 5 series and their colours (teaching-related knowledge)
23	A: And then proceed and ask what the colours mean, what attracts their attention and I would ask open questions at first.	
24	A: Yeah, and whether they can imagine exercising with the poster.	
25	A: I would ask what they would like to do, how they can use the table and whether they recognize that there are reverse multiplications.	Representations as intended for implementation: questions aiming at recognizing the commutative property (teaching-related knowledge)
26	A: Whether they recognize the relationship that there are the same results above and below in the poster.	
27	A: They can solve multiplications such as 6 times 7 and apply multiplications within the 5 series.	Representations as intended for implementation: Explanations and exercises aiming at the role of core multiplications (teaching-related knowledge)
28	A: Of course, I would explain how they can use these multiplications before and how they can start from the 5 series, or the 1 or 10 series.	

Amelie's teaching-related knowledge of the use of representations echoes her curricular knowledge (e.g., utterance 21 echoes 20, utterances 25–26 echo 1–2, utterances 22–24 and 27–28 echo 8–9, 13 and 18–19). What she says about curricular issues appears likely to be reformulated in terms of a decision about the use of representations for teaching. Herein, we assume curricular and teaching-related knowledge to be integrated in the process of constructing proposals about the use of representations by adopting the textbook's approach (IntProc 9). This process relies on curricular knowledge that is taken over in the context of specific teaching decisions according to the use of representations. Apart from core multiplications, the doubling/dividing in half and the reverse multiplications, her suggestions appear to be vague („what they would like to do“).

This is characteristic of the process of constructing, according to the analysis of the sample. The process of constructing was applied to the data whenever the following conditions were satisfied: a) knowledge elements from a certain component played a dominant role during an extended part of the protocol, b) these elements were strikingly echoed by elements from another component, and c) the new context appeared to be vague or the participant was assumed to be unsure.

Substantiating proposals about the use of representations by referring to students' understanding (IntProc 3)

Another question posed to Amelie focused on learning goals: „What are the goals you want your students to reach?“ The following excerpt is part of her reflections in response to this question (Tabelle 5.19).

Tabelle 5.19 Excerpt III from interview with Amelie (left column) and codes (right column)

29	A: I would hand out a worksheet with different multiplications, such as 9 times 8.	Representations as intended for implementation: task of breaking multiplications apart by using the 5 series (teaching-related knowledge)
30	A: Well, and the students will have to compute the results using alternative multiplications such as the 5 series.	
31	A: For instance, yes, I think it's important to tell them to start with the 5 series.	
32	A: Because often kids have a sort of barrier.	Rigidified conception of multiplication as continued addition (student-related knowledge)
33	A: They think: oh my God, 9 times!	
34	A: You have to count 9 so often.	

Amelie does not really respond by referring to learning goals. Instead, she talks about the implementation of certain representations in her class (utterances 29–31, teaching-related knowledge). In the next step, Amelie provides an argument for why it makes sense to use the respective representations: the decision to start with the multiples of 5 is substantiated („Because") by relying on student-related knowledge about a rigidified conception of multiplication as continued addition, which may impede the development of a simultaneous concept (utterances 32–34). Therefore, we reconstructed teaching-related and student-related knowledge to be integrated in the process of substantiating proposals about the use of representations by referring to students' understanding (IntProc 3).

The process of substantiating was applied to the data whenever there were indications of argumentation in the data (words such as „because", „therefore", etc.) and if, in this argumentation, knowledge from one component was used to argue in favour of the correctness of knowledge from an-other component.

5.5.6 Discussion

The results of our investigation of prospective teachers' reasoning during a pedagogical task in arithmetic show that different processes of integration can be distinguished even at an early stage of teacher preparation. Compared to the study carried out by Park and Chen (2012), who investigated connections between knowledge components using an enumerative approach, the processes described in this paper indicate *how* knowledge components can connect when the subjects deal with pedagogical tasks that involve mathematical work. We distinguished two overarching categories of processes:

First, processes of flexibly unfolding functional relations between knowledge components induce short-term changes in the teachers' perspective. These processes indicate coherently connected knowledge components and their use to enhance the quality of argumentations or decisions, for example by weighing the plausibility of knowledge from the perspective of alternative knowledge components (processes of substantiating, Tabelle 5.15, IntProc 3–8). These processes can be interpreted as representing emerging aspects of expert teachers' knowledge characteristics within the first phase of teacher education. According to Bromme (1992), for instance, professional knowledge is organized in a way that enables expert teachers to associate concepts of modularly conceived knowledge domains depending on teaching-related activities and with the purpose of achieving the corresponding goals.

The processes of substantiating can also be conceived es a specific form of processes of argumentation as defined by Asterhan & Schwarz (2009): Argumentations reflect (socio-)cognitive processes in which at least two propositions are connected by providing one proposition as a reason for the recipient (which can be the self) to come to accept or refute the other proposition. Verbalized processes of argumentation are accompanied by indicator words („because", „since", etc.). This definition also holds for processes of substantiating (if we identify propositions with utterances that reflect pieces of knowledge according to our analysis). In contrast to processes of argumentation, however, processes of substantiating necessarily require the two propositions mentioned before to be assigned to different components of knowledge (see „Findings“ section). Moreover, following Asterhan and Schwarz (2009), „acts such as elaboration and clarification are not argumentative dialogue moves“ (p. 2) and the processes of making explicit can rather be considered as a specific form of processes of explanation.

Specifically, some processes aim at substantiating teaching-related knowledge: the intended use of representations is substantiated, for instance, by drawing on student-related or pedagogical knowledge. These empirically reconstructed processes are in line with the theoretically proposed framework of pedagogical reasoning introduced by Ball (1988) and her use of the term integration (see introduction). According to Ball, pedagogical reasoning draws on different domains of knowledge about subject matter, learners, learning, and context as „sources of justification“ (p. 171), particularly to justify the use of certain representations. Within our framework, however, elements from multiple components can be substantiated by drawing on another component.

Second, we detected a different overarching type of integration processes. These were processes that induced knowledge construction, that is, they specify how elements of knowledge are used to construct (heuristic) elements of a desired knowledge component by forming analogies. Since the construction of knowledge is driven by forming analogies starting from knowledge of another component, these processes must be distinguished from the generation of knowledge within a component of knowledge (e.g., „hypothesis generation“ as an activity of scientific reasoning and argumentation discussed by Fischer et al. (2008)). The possibility of compensating for a lack of knowledge of a certain component by relying on knowledge from other components is also discussed by Bromme (1992) within his characterization of professional knowledge structures.

One of the reconstructed processes classified within the second category, the process of constructing teaching-related knowledge based on content knowledge (IntProc 10), is especially interesting, according to assumptions by Watson and Barton (2011). These authors assume that enacted expert content knowledge (e.g., while summing up mathematical ideas or saying what is known or not known) is central to teacher activities such as planning lessons because it can be used to generate options or to come to decisions related to the teaching. Compared to examples given by Watson and Barton, however, the teaching-related options and decisions constructed from content knowledge found in our interviews with prospective teachers appeared to be vague.

The integration processes found in the interviews apply to certain components of knowledge (see Tabelle 5.15 and Tabelle 5.16). However, it is plausible that the other components could also be part of similar integration processes. For instance, it could also be possible to construct mathematical concepts starting from knowledge about students' cognitions or to substantiate curricular knowledge by drawing on pedagogical knowledge. While it is highly likely that some of these missing processes were not found in the data due to the assigned task in the interviews, other processes may be missing due to the limited integration of prospective teachers' knowledge in the first phase of teacher education. In particular, it is remarkable that only one reconstructed integration process included the activation of pedagogical knowledge. To us it seems desirable that prospective teachers become more and more fluent in the knowledge integration of all components while proceeding with teacher preparation. An obvious question for future research is how knowledge integration processes differ between prospective teachers (novices), experienced teachers, and mathematics teacher educators (experts). Possibly novices draw on less developed knowledge (especially teaching-related knowledge), provide fewer processes of flexible knowledge integration, and more processes of constructing elements of knowledge, when compared to experts.

Due to methodological restrictions (see „Analysis" section), we did not reconstruct processes that included the activation of three or more knowledge components. More complex processes, however, such as the common processing of content knowledge and student- related knowledge together to create appropriate representations of mathematical concepts for students (e.g., according to the Model of Educational Reconstruction by (Duit et al., 2012)) are not captured by our methodological approach. Extending the investigations to integration processes that connect three or more knowledge components could be a fruitful approach in future research.

Our research considers knowledge integration as an individual's ability to connect linkable but not replaceable knowledge components rather than defining integratedness as a quality of certain knowledge components (e.g., Ball et al., 2008). Thus, the development of CK and PCK must also be associated with the individual's ability to connect knowledge in integration processes. To foster the development of CK and PCK and to enhance the coherence of CK, PCK, and PK in the preparation of prospective teachers, it is reasonable to give students opportunities to build on and reflect upon integration processes using specific tasks. For example, many study participants did not recognize the full mathematical potential of the multiplication poster. This is probably due to their limited content knowledge. Others hardly integrated pedagogical knowledge. We conclude that it may be valuable to connect mathematical concepts with pedagogy and pedagogical content at an early level of teacher preparation. Therefore, we suggest combining empirical research on integration processes with research on mathematics teacher education task design.

In four (out of six) interviews, including the case of Amelie, participants integrated the knowledge components mainly by constructing proposals about the use of representations by adopting the textbook's approach (IntProc 9), substantiating proposals about the use of representations by referring to students understanding (IntProc 3), and making explicit the mathematical background of representations (as intended to be used in teaching or of the textbook's approaches and goals) (IntProc 1, 2). Most of them activated content knowledge only in the function of making explicit mathematical concepts related to curricular or teaching-related knowledge. These processes represent the main type of prospective elementary teachers based on our sample. To them, student-related and curricular issues are most important in arriving at decisions about the use of representations for teaching, whereas content knowledge appears necessary but connected and limited to (basic) curricular aspects. Only one participant is completely different and possibly represents a (rather uncommon) type among prospective primary teachers, which is also reflected by his biography (status as second-degree student – he holds a B.A. in medical science). Most integration processes reconstructed from his interview include the activation of content knowledge. For instance, content knowledge was activated very often to arrive at decisions about the use of representations for teaching and to understand students' difficulties.

Due to the small sample and the chosen methodology, our findings are not considered representative, and the interpretations discussed above must be examined carefully. The findings must be conceived in close relationship to the context of the study. For instance, student-related and curricular considerations served as a framework for tasks both in mathematics and mathematics-educations courses (see „Sampling“ section) and, therefore, likely influenced the findings discussed above.

Nonetheless, the findings of our exploratory study heuristically indicate how a framework of distinct components and integration processes between the components may look similar. Such a framework can be considered as an empirically grounded starting point for further modelling and empirical investigations of integration processes. Our future research will address some of the abovementioned challenges. In particular, we aim to develop reliable quantitative measures both to investigate interindividual differences between prospective teachers, mathematics teacher educators and experienced primary mathematics teachers, as well as the effectiveness of suitable tasks enhancing prospective teachers' knowledge integration.

Literatur

Amador, J. M. , Park Rogers, M., Hudson, R. , Philipps, A. , Carter, I. , Galindo, E. & Akerson, V. (2022). Novice teachers' pedagogical content knowledge for planning and implementing mathematics and science lessons Novice teachers' pedagogical content knowledge for planning and implementing mathematics and science lessons. *Teaching and Teacher Education* (115), Article 103736. https://doi.org/10.1016/j.tate.2022.103736

Anderson, J. R. (2007). *Kognitive Psychologie (Cognitive psychology)* Spektrum. Zugriff auf https://link.springer.com/book/9783642373916

Andrews-Larson, C., Johnson, E., Peterson, V. & Keller, R. (2021). Doing math with mathematicians to support pedagogical reasoning about inquiry-oriented instruction. *Journal of Mathematics Teacher Education, 24,* 127–154. https://doi.org/10.1007/s10857-019-09450-3

Appova, A. & Taylor, C. E. (2019). Expert mathematics teacher educators' purposes and practices for providing prospective teachers with opportunities to develop pedagogical content knowledge in content courses. *Journal of Mathematics Teacher Education, 22,* 179–204. https://doi.org/10.1007/s10857-017-9385-z

Arya, P., Christ, T. & Wu, W. (2020). Patterns of technological pedagogical and content knowledge in preservice-teachers' literacy lesson planning. *Journal of Education and Learning, 9* (5), 1–14. https://doi.org/10.5539/jel.v9n5p1

Asterhan, C. S. & Schwarz, B. B. (2009). The role of argumentation and explanation in conceptual change: Indications from protocol analyses of peer-to-peer dialogue. *Cognitive Science, 33,* 373–399. https://doi.org/10.1111/j.1551-6709.2009.01017.x

Ball, D. L. (1988). *Knowledge and reasoning in mathematical pedagogy: Examenining what prospective teachers bring to teacher education.* (Dissertation, Michigan State University). Zugriff auf https://deborahloewenbergball.com/pubs-intro#publications

Ball, D. L. (1990). The mathematical understandings that prospective teachers bring to teacher education. *The Elementary School Journal, 90* (4), 449–466. Zugriff auf https://www.jstor.org/stable/1001941

Ball, D. L. (1991). Research on teaching mathematics: Making subject matter knowledge part of the equation. In J. Brophy (Hrsg.), *Advances in research on teaching: Teachers' subject matter knowledge and classroom instruction.* JAI Press. Zugriff auf https://eric.ed.gov/?id=ED301467

R. Pilous, *Die Rolle des fachlichen und fachdidaktischen Wissens beim Pädagogischen Argumentieren*, Freiburger Empirische Forschung in der Mathematikdidaktik, https://doi.org/10.1007/978-3-658-45622-1

Ball, D. L. (1993). With an eye on the mathematical horizon: Dilemmas of teaching elementary school mathematics. *Elementary School Journal, 4* (93), 373–397. https://doi.org/10.1086/461730

Ball, D. L., Lubienski, S. & Mewborn, D. (2001). Research on teaching mathematics: The unsolved problem of teachers mathematical knowledge. In V. Richardson (Hrsg.), *Handbook of research on teaching* (S. 433–456). Macmillan.

Ball, D. L., Thames, M. H. & Phelps, G. (2008). Content knowledge for teaching: What makes it special? *Journal of Teacher Education, 59* (5), 389–407. https://doi.org/10.1177/0022487108324554

Bass, H. & Ball, D. L. (2004). A practice-based theory of mathematical knowledge for teaching: The case of mathematical reasoning. In W. Jianpan & X. Binyan (Hrsg.), *Trends and challenges in mathematics education* (S. 107–123). East China Normal University Press.

Baumert, J., Kunter, M., Blum, W., Brunner, M., Voss, T., Jordan, A., ... Tsai, Y.- M. (2010). Teachers mathematical knowledge, cognitive activation in the classroom, and student progress. *American Educational Research Journal, 47* (1), 133–180. https://doi.org/10.3102/0002831209345157

Bednarz, N. & Proulx, J. (2009). Knowing and using mathematics in teaching: Conceptual and epistemological clarifications. *For the Learning of Mathematics, 3* (29), 11–17. Zugriff auf https://www.jstor.org/stable/25594560

Berry, A., Depaepe, F. & Van Driel, J. (2016). Pedagogical content knowledge in teacher education. In J. Loughran & M. L. Hamilton (Hrsg.), *International handbook of teacher education* (S. 347–386). Springer. https://doi.org/10.1007/978-981-10-0366-0

Binder, K., Krauss, S., Hilbert, S., Brunner, M., Anders, Y. & Kunter, M. (2018). Diagnostic skills of mathematics teachers in the coactiv study. In *Diagnostic competence of mathematics teachers* (S. 33–53).

Biza, I., Nardi, E. & Zachariades, T. (2007). Using tasks to explore teacher knowledge in situation-specific contexts. *Journal of Mathematics Teacher Education, 10,* 301–309. https://doi.org/10.1007/s10857-007-9043-y

Blömeke, S., Bremerich-Vos, A., Haudeck, H., Kaiser, G., Nold, G. & Schwippert, K. (2011). *Kompetenzen von Lehramtsstudierenden in gering strukturierten Domanen. Erste Ergebnisse aus TEDS-LT.* Waxmann Verlag.

Blömeke, S., Bremerich-Vos, A., Kaiser, G., Nold, G. & Schwippert, K. (2013). *Kompetenzen im Studienverlauf: Weitere Ergebnisse zur Deutsch-, Englisch- und Mathema- tiklehrerausbildung aus TEDS-LT*. Waxmann Verlag.

Blömeke, S., Kaiser, G. & Lehmann, R. (2008). *Professionelle Kompetenz angehender Lehrerinnen und Lehrer. Wissen, Uberzeugungen und Lerngelegenheiten deutscher Ma- thematikstudierender und -referendare – Erste Ergebnisse zur Wirksamkeit der Leh- rerausbildung.* Waxmann Verlag.

Blömeke, S., Kaiser, G. & Lehmann, R. (2010a). *TEDS-M 2008. Professionelle Kompetenz und Lerngelegenheiten angehender Mathematiklehrkräfte für die Sekundarstufe I im internationalen Vergleich.* Waxmann Verlag.

Blömeke, S., Kaiser, G. & Lehmann, R. (2010b). TEDS-M 2008. *Professionelle Kompetenz und Lerngelegenheiten angehender Primarstufenlehrkräfte im internationalen Vergleich.* Waxmann Verlag.

Borko, H. & Livingston, C. (1989). Cognition and improvisation: Differences in mathematics instruction by expert and novice teachers. *American Educational Research Journal, 26* (4), 473–498. https://doi.org/10.3102/00028312026004473

Bromme, R. (1992). Der Lehrer als Experte: *Zur Psychologie des professionellen Wissens.* Waxmann Verlag.

Buchholtz, N., Kaiser, G. & Blömeke, S. (2014). Die Erhebung mathematikdidaktischen Wissens – Konzeptualisierung einer komplexen Domäne. *Journal für Mathematik-Didaktik, 35* (1), 101–128. https://doi.org/10.1007/s13138-013-0057-y

Campbell, P. F., Nishio, M., Smith, T. M., Clark, L. M., Conant, D. L., Rust, A. H., ... Choi, Y. (2014). The relationship between teachers' mathematical content and pedagogical knowledge. *Journal for Research in Mathematics Education, 45* (4), 419–459. https://doi.org/10.5951/jresematheduc.45.4.0419

Capraro, R. M., Capraro, M. M., Parker, D., Kulm, G. & Raulerson, T. (2005). The mathematics content knowledge role in developing preservice teachers' pedagogical content knowledge. *Journal of Research in Childhood Education, 20* (2), 102–118. https://doi.org/10.1080/02568540509594555

Carpenter, T. P., Fennema, E., Peterson, P. L. & Carey, D. A. (1988). Teachers' pedagogical content knowledge of students' problem solving in elementary arithmetic. *Journal for Research in Mathematics Education, 19* (5), 385–401. https://doi.org/10.2307/749173

Chant, R. H. (2002). The impact of personal theorizing on beginning teaching: Experiences of three social studies teachers. *Theory and Research in Social Education, 30* (4), 516–540. https://doi.org/10.1080/00933104.2002.10473209

Charalambous, C. Y. (2015). Working at the intersection of teacher knowledge, teacher beliefs, and teaching practice: a multiple-case study. *Journal of Mathematics Teacher Education, 18*, 427–445. https://doi.org/10.1007/s10857-015-9318-7

Chi, M. T. H. (1997). Quantifying qualitative analyses of verbal data: A practical guide. *The Journal of the Learning Sciences, 6*(3), 271–315. https://doi.org/10.1207/s15327809jls0603_1

Chi, M. T. H. (2002). Quantifying qualitative analyses of verbal data: A practical guide. *The Journal of the Learning Sciences, 6* (3), 271–315. https://doi.org/10.1207/s15327809jls0603_1

Cochran, K. F., A., D. J. & King, R. A. (1993). Pedagogical content knowing: An integrative model for teacher preparation. *Journal of Teacher Education, 4* (44), 263–272. https://doi.org/10.1177/0022487193044004004

Cohen, J. (1992). A power primer. *Psychological Bulletin, 122* (1), 155–159. https://doi.org/10.1037/0033-2909.112.1.155

Copur-Gencturk, . T. T., Y. (2022). Mathematics teaching expertise: A study of the dimensionality of content knowledge, pedagogical content knowledge, and contentspecific noticing skills. *Teaching and Teacher Education, 104*, Artikel 103696. https://doi.org/10.1016/j.tate.2022.103696

Cornett, J. W., Yeotis, C. & Terwilliger, L. (1990). Teacher personal practice theories and their influences upon teacher curricular and instructional actions: A case study of a secondary science teacher. *Science Education, 74*, 517–529. https://doi.org/10.1002/sce.3730740503

Craig, C., Meijer, P. & Broeckmans, J. (2013). *From teacher thinking to teachers and teaching: The evolution of a research community.* Emerald Group Publishing Limited. https://doi.org/10.1108/S1479-3687(2013)0000019037

Cunningham, D. L. (2007). Understanding pedagogical reasoning in history teaching though the case ofcultivating historical empathy. *Theory & Research in Social Education, 35* (4), 592–630. https://doi.org/10.1080/00933104.2007.10473352

Day, C., Calderhead, J. & Denicolo, P. M. (1993). *Research on teacher thinking: Understanding professional development.* Routledge. https://doi.org/10.4324/9780203126578

Depaepe, F., Verschaffel, L. & Kelchtermans, G. (2013). Pedagogical content knowledge: A systematic review of the way in which the concept has pervaded mathematics educational research. *Teaching and Teacher Education, 34* , 12–25. https://doi.org/10.1016/j.tate.2013.03.001

Dindyal, J., Schack, E. O., Choy, B. H. & Sherin, M. G. (2021). Exploring the terrains of mathematics teacher noticing. *ZDM Mathematics Education, 53*, 1–16. https://doi.org/10.1007/s11858-021-01249-y

Dreher, A., Kuntze, S. & Lerman, S. (2016). Why use multiple representations in the mathematics classroom? views of english and german preservice teachers. *International Journal of Science and Mathematics Education, 14* (2), 312–327. https://doi.org/10.1007/s10763-015-9633-6

Duit, R., Gropengiesser, H., Kattmann, U., Komorek, M. & Parchmann, I. (2012). The model of educational reconstruction – a framework for improving teaching and learning science. In D. Jorde & J. Dillon (Hrsg.), *Science education research and practice in europe* (S. 13–37). Sense.

Elliott, C. B. (1996). Pedagogical reasoning: Understanding teacher decision making in a cognitive apprenticeship setting. *Literacy, Teaching and Learning, 2* (2), 75–91.

Erduran, S. & Kaya, E. (2018). Drawing nature of science in pre-service science teacher education: Epistemic insight through visual representations. *Research in Science Education, 48*, 1133–1149. https://doi.org/10.1007/s11165-018-9773-0

Escudero, I. & Llinares, S. (2003). Four student teachers' pedagogical reasoning on functions. *Journal of Mathematics Teacher Education, 6*, 5–25. https://doi.org/10.1023/A:1022123615355

Escudero, I. & Sanchez, V. (2007). How do domains of knowlege integrate into mathematics teachers practise? *Journal of Mathematical Behavior, 26*, 312–327. https://doi.org/10.1016/j.jmathb.2007.11.002

Even, R. (1993). Subject-matter knowledge and pedagogical content knowledge: Prospective secondary teachers and the function concept. *Journal for Research in Mathematics Education, 24* (2), 94–116. https://doi.org/10.2307/749215

Even, R. & Tirosh, D. (1995). Subject-matter knowledge and knowledge about students as sources of teacher presentations of the subject-matter. *Educational Studies in Mathematics, 29* (1), 1–20. Zugriff auf https://www.jstor.org/stable/3482828

Evens, M., Elen, J., Larmuseau, C. & Depaepe, F. (2018). Promoting the development of teacher professional knowledge: Integrating content and pedagogy in teacher education. *Teaching and Teacher Education, 75*, 244–258. https://doi.org/10.1016/j.tate.2018.07.001

Fauskanger, J. (2015). Challenges in measuring teachers' knowledge. *Educational Studies in Mathematics* (90), 57–73. https://doi.org/10.1007/s10649-015-9612-4

Feiman-Nemser, S. (1998). Teachers as teacher educators. *European Journal of Teacher Education, 21* (1), 63–74. https://doi.org/10.1080/0261976980210107

Fennema, E. & Franke, L. M. (1992). Teachers' knowledge and its impact. In D. A. Grouws (Hrsg.), *Handbook of research on mathematics teaching and learning* (S. 147–164). Macmillan.

Fiori, C. & Zuccheri, L. (2005). An experimental research on error patterns in written subtraction. *Educational Studies in Mathematics* (60), 323–331. Zugriff auf https://www.jstor.org/stable/25047199

Fischer, F., Kollar, I., Ufer, S., Sodian, B., Hussmann, H., Pekrun, R., ... Eberle, J. (2008). Scientific reasoning and argumentation: Advancing an interdisciplinary research agenda in education. *Frontline Learning Research, 5*, 28–45. https://doi.org/10.14786/flr.v2i2.96

Funke, J. & Spering, M. (2006). Methoden der Denk- und Problemloseforschung (Methods of cognitive and problem solving research. In J. Funke (Hrsg.), *Denken und Problemlosen (Thinking and problem solving* (S. 647–744). Hogrefe.

Gess-Newsome, J. (1999). Pedagogical content knowledge: An introduction and orientation. In J. Gess-Newsome & N. G. Ledermann (Hrsg.), *Examining pedagogical content knowledge* (S. 3–20). Kluwer Academic Publishers. https://doi.org/10.1007/0-306-47217-0

Glaser, R. & Chi, M. T. H. (1988). Teacher knowledge experiment: Conditions of the development of pedagogical content knowledge. In R. Glaser & M. T. H. Chi (Hrsg.), *The nature of expertise* (S. xv–xxviii). Lawrence Erlbaum Associates. https://doi.org/10.4324/9781315799681

Goldin, G. A. (2020). Mathematical representations. In S. Lerman (Hrsg.), *Encyclopedia of mathematics education* (S. 566–572). https://doi.org/10.1007/978-3-030-15789-0-103

Handal, G. & Lauvas, P. (1987). *Promoting reflective teaching: Supervision in action*. Open University Press.

Harr, N., Eichler, A. & Renkl, A. (2014). Integrating pedagogical content knowledge and pedagogical/psychological knowledge in mathematics. *Frontiers in Psychology , 5*. https://doi.org/10.3389/fpsyg.2014.00924

Hashweh, M. Z. (2005). Teacher pedagogical constructions: A reconfiguration of pedagogical content knowledge. *Teachers and Teaching, 11* (3), 273–292. https://doi.org/10.1080/13450600500105502

Hill, H. C., Dean, C. & Goffney, I. M. (2007). Assessing elemental and structural validity: Data from teachers, non-teachers, and mathematicians. *Measurement: Interdisciplinary Research and Perspective, 5* (2), 81–92.

Hill, H. C., Schilling, S. & Ball, D. L. (2004). Developing measures of teachers mathematics knowledge for teaching. *The Elementary School Journal, 105* (1), 11–30. https://doi.org/10.1086/428763

Horn, I. S. (2005). Learning on the job: A situated account of teacher learning in high school mathematics departments. *Cognition and Instruction, 23* (2), 207–236. https://doi.org/10.1207/s1532690xci2302_2

Horn, I. S. (2010). Teaching replays, teaching rehearsals, and re-visions of practice: Learning from colleagues in a mathematics teacher community. *Teachers College Record, 112* (1), 225–259. https://doi.org/10.1177/016146811011200109

Hume, A., Cooper, R. & Borowski, A. (2019). *Repositioning pedagogical content knowledge in teachers' knowledge for teaching science*. Springer. https://doi.org/10.1007/978-981-13-5898-2

Jeschke, C., Lindmeier, A. & Heinze, A. (2021). Vom Wissen zum Handeln: Vermittelt die Kompetenz zur Unterrichtsreflexion zwischen mathematischem Professionswissen und der

Kompetenz zum Handeln im Mathematikunterricht? Eine Mediationsanalyse. *Journal für Mathematik-Didaktik, 42*, 159–186. https://doi.org/10.1007/s13138-020-00171-2

Karabon, A. (2021). Examining how early childhood preservice teacher funds of knowledge shapes pedagogical decision making. *Teaching and Teacher Education, 106*, Artikel 103449. https://doi.org/10.1016/j.tate.2021.103449

Kavanagh, S. S., Conrad, J. & Dagogo-Jack, S. (2020). From rote to reasoned: Examining the role of pedagogical reasoning in practice-based teacher education. *Teaching and Teacher Education, 89*, 1–21. https://doi.org/10.1016/j.tate.2019.102991

Kelle, U. (2019). Mixed methods. In N. Baur, & J. Blasius (Eds.), *Handbuch Methoden der empirischen Sozialforschung* [*Handbook methods of empirical social research*] (pp. 159–172). Springer. https://doi.org/10.1007/978-3-658-21308-4_10

Kettle, B. & Sellars, N. (1996). The development of student teachers' practical theory of teaching. *Teaching and Teacher Education, 12* (1), 1–12. https://doi.org/10.1016/0742-051X(95)0016-D

Kim, H.-J., Metzger, M. & Heaton, R. M. (2020). Teacher planning sessions as professional opportunities to learn: an elementary mathematics teacher's re-conceptualization of instructional triangles. *International Journal of Science and Mathematics Education, 18*, 1207–1227. https://doi.org/10.1007/s10763-019-10019-y

Kleickmann, T., Tröbst, S., Heinze, A., Bernholt, A., Rink, R. & Kunter, M. (2017). Teacher knowledge experiment: Conditions of the development of pedagogical content knowledge. In D. Leutner, J. Fleischer, J. Grünkorn & E. Klieme (Hrsg.), *Competence assessment in education: Research, models and instruments* (S. 111–129). Cham: Springer. https://doi.org/10.1007/978-3-319-50030-0_8

Kolbe, M., Boos, M., Stein, A. & Strack, M. (2016). SYNSEG – Eine Methode zur syntaxgeleiteten Segmentierung von Kodiereinheiten fur die Analyse von Gruppen- prozessen (synseg – a method for syntax-based segmentation of coding units for the analysis of group processes). *Gruppe Interaktion Organisation, 47*, 335–344. https://doi.org/10.1007/s11612-016-0345-3

Krauss, S., Neubrand, M., Blum, W., Baumert, J., Brunner, M., Kunter, M. & Jordan, A. (2008). Die Untersuchung des professionellen Wissens deutscher Mathematik- Lehrerinnen und -Lehrer im Rahmen der COACTIV-Studie. *Journal für Mathematik- Didaktik, 29* (3/4), 223–258. https://doi.org/10.1007/BF03339063

Krepf, M., Plöger, W., Scholl, D. & Seifert, A. (2018). Pedagogical content knowledge of experts and novices – what knowledge do they activate when analyzing science lessons? *Journal of Research in Science Teaching, 55* (1), 44–67. https://doi.org/10.1002/tea.21410

Kühnhold, K. & Padberg, F. (1986). Über typische Schülerfehler bei der schriftlichen Subtraktion natürlicher Zahlen (About typical student errors in written subtraction of natural numbers). *Der Mathematikunterricht, 32* (3), 6–16.

Lampert, M. (1985). How do teachers manage to teach? perspectives on problems in practice. *Harvard Educational Review, 55* (2), 178–195. https://doi.org/10.17763/haer.55.2.56142234616x4352

Lehrer, R. & Franke, M. (1992). Applying personal construct psychology to the study of teachers' knowledge of fractions. *Journal for Research in Mathematics Education, 23* (3), 223–241. https://doi.org/10.2307/749119

Leighton, J. P. (2017). *Using think-aloud interviews and cognitive labs in educational research.* Oxford University Press. https://doi.org/10.1093/acprof:oso/9780199372904.001.0001

Leinhardt, G. & Greeno, J. G. (1986). The cognitive skill of teaching. *Journal of Educational Psychology, 78* (2), 75–95. https://doi.org/10.1037/0022-0663.78.2.75

Leuders, T. & Krauss, S. (2013). Gute Lehrer/innen miissen Fachleute sein – aber wofiir? *bildung und wissenschaft, 10*, 1–5.

Leuders, T. & Loibl, K. (2021). Beyond subject specificity – student and teacher thinking as sources of specificity in teacher diagnostic judgments. *RISTAL, 4* , 60–70. https://doi.org/10.23770/RT1842

Levin, B. & He, Y. (2008). Investigating the content and sources of teacher candidates' personal practical theories (PPTS). *Journal of Teacher Education, 59* (1), 55–68. https://doi.org/10.1177/0022487107310749

Levin, B., He, Y. & Allen, M. H. (2013). Teacher beliefs in action: A cross-sectional, longitudinal follow-up study of teachers' personal practical theories. *The Teacher Educator, 48*, 201–217. https://doi.org/10.1080/08878730.2013.796029

Liljedahl, P., Durand-Guerrier, V., Winslow, C., Bloch, I., Huckstep, P., Rowland, T. & Chapman, O. (2010). Components of mathematics teacher training. In R. Evem & D. L. Ball (Hrsg.), *The professional education and development of teachers of mathematics* (S. 25–33). Springer.

Loibl, K., Leuders, T. & Diorfler, T. (2020). A framework for explaining teachers' diagnostic judgements by cognitive modeling (DiaCoM). *Teaching and Teacher Education, 91*, 1–10. https://doi.org/10.1016/j.tate.2020.103059

Loughran, J. (2019). Pedagogical reasoning: The foundation of the professional knowledge of teaching. *Teachers and Teaching, 25* (5), 523–535. https://doi.org/10.1080/13540602.2019.1633294

Loughran, J., Keast, S. & Cooper, R. (2016). Pedagogical reasoning in teacher education. In J. Loughran & M. L. Hamilton (Hrsg.), *International handbook of teacher education* (S. 387–421). Singapore: Springer. https://doi.org/10.1007/978-981-10-0366-0_10

Loughran, J., Mulhall, P. & Berry, A. (2004). In search of pedagogical content knowledge in science: Developing ways of articulating and documenting professional practise. *Journal of Research in Science Teaching, 41* (4), 370–391 https://doi.org/10.1002/tea.20007

Ma, L. (1999). *Knowing and teaching elementary mathematics: Teachers' understanding of fundamental mathematics in china and the united states.* Lawrence Erlbaum Associates. Zugriff auf http://books.google.ch/books?id=EjkKBotJcyIC

Marks, R. (1990). Pedagogical content knowledge: From a mathematical case to a modified conception. *Journal of Teacher Education, 41* (3), 3–10.

Masanek, N. & Doll, J. (2020). Vernetzung Ja, aber ohne Fachwissenschaft? Zur Nutzung fachlichen, fachdidaktischen und padagogischen Wissens durch Lehramtsstudierende im Bachelorstudium. *Didaktik Deutsch, 48*, 36–54. Zugriff auf https://www.didaktik-deutsch.de/issue/heft-48-2020/

Mavhunga, E. (2020). Revealing the structural complexity of component interactions of topic-specific pck when planning to teach. *Research in Science Education, 50*, 965–986. https://doi.org/10.1007/s11165-018-9719-6

Mayring, P. (2010). *Qualitative Inhaltsanalyse*. Beltz.

McEwan, H. & Bull, B. (1991). The pedagogic nature of subject matter knowledge. *American Educational Research Journal, 28* (2), 316–334. https://doi.org/10.2307/1162943

Meredith, A. (1995). Terry's learning: Some limitations of shulmans's pedagogical content knowledge. *Cambridge Journal of Education, 25* (2), 175–187. https://doi.org/10.1080/0305764950250205

Mok, S. Y. & Staub, F. C. (2021). Does coaching, mentoring, and supervision matter for pre-service teachers' planning skills and clarity of instruction? a meta-analysis of (quasi-)experimental studies. *Teaching and Teacher Education, 107*, Artikel 103484. https://doi.org/10.1016/j.tate.2021.103484

Murray, J., Swennen, A. & Shagrir, L. (2009). Understanding teacher educators' work and identities. In A. Swennen & M. van der Klink (Hrsg.), *Becoming a teacher educator* (S. 29–43). Springer. https://doi.org/10.1007/978-1-4020-8874-2_3

Nguyen, P. V. (2020). TT-SET augmented with POT: a potential framework for academics' pedagogical reasoning. *Reflective Practice, 21* (1), 14–27. https://doi.org/10.1080/14623943.2019.1708303

Nilsson, P. (2009). From lesson plan to new comprehension: Exploring student teachers' pedagogical reasoning in learning about teaching. *European Journal of Teacher Education, 32* (3), 239–258. https://doi.org/10.1080/02619760802553048

Norton, S. (2019). The relationship between mathematical content knowledge and mathematical pedagogical content knowledge of prospective primary teachers. *Journal of Mathematics Teacher Education, 22*, 489–514. https://doi.org/10.1007/s10857-018-9401-y

Orrill, C. H. & Kittleson, J. M. (2015). Tracing professional development to practice: connection making and content knowledge in one teacher's experience. *Journal of Mathematics Teacher Education, 18*, 273–297. https://doi.org/10.1007/s10857-014-9284-5

Park, S. & Chen, Y.-C. (2012). Mapping out the integration of the components of pedagogical content knowledge (pck): Examples from high school biology classrooms. *Journal of Research in Science Teaching, 49* (7), 922–941. https://doi.org/10.1002/tea.21022

Park, S. & Oliver, J. S. (2007). Revisiting the conceptualisation of pedagogical content knowledge (PCK): PCK as a conceptual tool to understand teachers as professionals. *Research in Science Education, 38*, 261–284. https://doi.org/10.1007/s11165-007-9049-6

Patton, M. (1990). *Qualitative evaluation and research methods*. Sage Publications.

Peterson, R. & Treagust, D. F. (1995). Developing preservice teachers' pedagogical reasoning ability. *Research in Science Education, 25* (3), 291–305. https://doi.org/10.1007/BF02357403

Petrou, M. & Goulding, M. (2011). Conceptualising teachers mathematical knowledge in teaching. In T. Rowland & K. Ruthven (Hrsg.), *Mathematical knowledge in teaching* (Bd. 50, S. 9–25). Springer. https://doi.org/10.1007/978-90-481-9766-8_2

Pilous, R., Leuders, T. & Riiede, C. (2017). Konstrukte des Zusammenhangs fachlicher und fachdidaktischer Wissensbereiche. In U. Kortenkamp & A. Kuzle (Hrsg.), *Beitrage zum Mathematikunterricht 2017* (S. 765–768). WTM-Verlag.

Pilous, R., Leuders, T. & Rüede, C. (2018). Investigating the relationship between prospective elementary teachers' math-specific knowledge domains. In G. J. Stylianides & K. Hino (Hrsg.), *Research advances in the mathematical education of pre-service elementary teachers* (S. 9–25) https://doi.org/10.1007/978-3-319-68342-3_2

Polanyi, M. (1966). *The tacit dimension*. University of Chicago Press. Zugriff auf https://press.uchicago.edu/ucp/books/book/chicago/T/bo6035368.html

Renkl, A. (2012). Modellierung von Kompetenzen oder von interindividuellen Kompe- tenzunterschieden. *Psychologische Rundschau, 63* (1), 50–53. https://doi.org/10.1026/0033-3042/a000110

Rieu, A., Leuders, T. & Loibl, K. (2020). Teachers' diagnostic judgments on tasks as information processing – the role of pedagogical content knowledge for task diagnosis. *Teaching and Teacher Education, 111* , Artikel 103621. https://doi.org/10.1016/j.tate.2021.103621

Risko, V. J., Vukelich, C. & Roskos, K. (2009). Detailing reflection instruction: The efficacy of a guided instructional procedure on prospective teachers' pedagogical reasoning. *Action in Teacher Education, 31* (2), 47–60. https://doi.org/10.1080/01626620.2009.10463517

Rowland, T., Huckstep, P. & Thwaites, A. (2005). Elementary teachers mathematics subject knowledge: The knowledge quartet abd the case of naomi. *Journal of Mathematics Teacher Education* (8), 255–281. https://doi.org/10.1007/s10857-005-0853-5

Ruthven, K. (2011). Conceptualising mathematical knowledge in teaching. In T. Rowland & K. Ruthven (Hrsg.), *Mathematical knowledge in teaching* (Bd. 50, S. 83–96). Springer Netherlands.

Sanchez, V. & Llinares, S. (2003). Four student teachers' pedagogical reasoning on functions. *Journal of Mathematics Teacher Education, 6*, 5–25. https://doi.org/10.1023/A:1022123615355

Schoenfeld, A. H. (2011). *How we think: A theory of goal-oriented decision making and its educational applications*. Routledge.

Schoenfeld, A. H., Minstrell, J. & Zee, E. v. (1999). The detailed analysis of an established teacher's non-traditional lesson. *Journal of Mathematical Behavior, 18* (3), 281–325. https://doi.org/10.1016/S0732-3123(99)00035-8

Schwab, J. J. (1978). *Science, curriculum and liberal education.* University of Chicago Press.

Schon, D. A. (1983). *The reflective practitioner: How professionals think in action.* Routledge. https://doi.org/10.4324/9781315237473

Shafto, P., Goodman, N. D. & Griffiths, T. L. (2014). A rational account of pedagogical reasoning: Teaching by, and learning from, examples. *Cognitive Psychology, 71*, 55–89. https://doi.org/10.1016/j.cogpsych.2013.12.004

Sherin, M. G., Sherin, B. L. & Madanes, R. (2000). Exploring diverse accounts of teacher knowledge. *Journal of Mathematical Behavior, 18* (83), 357–375. https://doi.org/10.1016/S0732-3123(99)00033-4

Shulman, L. (1986). Those who understand: Knowledge growth in teaching. *Educational Researcher, 15* (2), 4–14. https://doi.org/10.3102/0013189X015002004

Shulman, L. (1987). Knowledge and teaching: Foundations of the new reform. *Harvard Educational Review, 57* (1), 1–23. https://doi.org/10.17763/haer.57.1.j463w79r56455411

Shulman, L. (1998). Theory, practice, and the education of professionals. *The Elementary School Journal, 98* (5), 511–526. Zugriff auf http://www.jstor.org/stable/1002328

Speer, N. M. & Wagner, J. F. (2009). Knowledge needed by a teacher to provide analytic scaffolding during undergraduate mathematics classroom discussions. *Journal for Research in Mathematics Education, 40* (5), 530–562. Zugriff auf https://www.jstor.org/stable/40539355

Stahnke, R. & Blömeke, S. (2021). Novice and expert teachers' situation-specific skills regarding classroom management: What do they perceive, interpret and suggest? *Teaching and Teacher Education, 98*, 1–14. https://doi.org/10.1016/j.tate.2020.103243

Starkey, L. (2010). Teachers' pedagogical reasoning and action in the digital age. *Teachers and Teaching: Theory and Practice, 16* (2), 233–244. https://doi.org/10.1080/13540600903478433

Stern, E. (2017). Individual differences in the learning potential of human beings. *Science of Learning, 2* (2), 1–17. https://doi.org/10.1038/s41539-016-0003-0

Strauss, A. & Corbin, J. (1996). *Grounded Theory*. Grundlagen qualitativer Sozialfor- schung. Beltz.

Tchoshanov, M. A. (2011). Relationship between teacher knowledge of concepts and connections, teaching practice, and student achievement in middle grades mathematics. *Educational Studies in Mathematics, 76*, 141–164. https://doi.org/10.1007/s10649-010-9269-y

Terhart, E. (2010). Vorwort zum Reprint „Der Lehrer als Experte" von R. Bromme. In D. H. Rost (Hrsg.), *Standardwerke aus Psychologie und Padagogik, Reprints: Band 7.* Waxmann Verlag.

Thomas, J., Jong, C., Fisher, M. H. & Schack, E. O. (2017). Noticing and knowledge: Exploring theoretical connections between professional noticing and mathematical knowledge for teaching. *The Mathematics Educator, 26* (2), 3–25. Zugriff auf https://files.eric.ed.gov/fulltext/EJ1165806.pdf

Tigelaar, D., Sins, P. & Van Driel, J. (2017). Fostering students' reflection: examining relations between elements of teachers' knowledge. *Research Papers in Education, 32* (3), 353–375. https://doi.org/10.1080/02671522.2016.1225790

Tiilikainen, M., Toom, A., Lepola, J. & Husu, J. (2019). Reconstructing choice, reason and disposition in teachers' practical theories of teaching (PT). *Teaching and Teacher Education, 79*, 124–136. https://doi.org/10.1016/j.tate.2018.12.011

Tröbst, S., Kleickmann, T., Depaepe, F., Heinze, A. & Kunter, M. (2019). Effects of instruction on pedagogical content knowledge about fractions in sixth-grade mathematics on content knowledge and pedagogical knowledge. *Unterrichtswissenschaft, 47*, 79–97. https://doi.org/10.1007/s42010-019-00041-y

Tröbst, S., Kleickmann, T., Heinze, A., Anschütz, A., Rink, R. & Kunter, M. (2018). Teacher knowledge experiment: Testing mechanisms underlying the formation of preservice elementary school teachers' pedagogical content knowledge concerning fractions and fractional arithmetic. *Journal of Educational Psychology, 110*, 1049–1065. https://doi.org/10.1037/edu0000260

Turnuklu, E. B. & Yesildere, S. (2007). The pedagogical content knowlege in mathematics: preservice primary mathematics teachers perspectives in turkey. *IUMPST: The Journal, 1.*

Van Driel, J. H. & Berry, A. (2010). Pedagogical content knowledge. In *International encyclopedia of education* (S. 656–661). Academic Press. https://doi.org/10.1016/B978-0-08-044894-7.00642-4

Vom Hofe, R. (1995). *Grundvorstellungen mathematischer Inhalte*. Spektrum Verlag.

von Minden, A. M. & Walls, R. T. (1998). Charting the links between mathematics content and pedagogy concepts: Cartographies of cognition. *The Journal of Experimental Education, 66* (4), 339–358. https://doi.org/10.1080/00220979809601405

Watson, A. & Barton, B. (2011). Teaching mathematics as the contextual application of mathematical modes of enquiry. In T. Rowland & K. Ruthven (Hrsg.), *Mathematical knowledge in teaching* (Bd. 50, S. 65–82). Springer Netherlands. https://doi.org/10.1007/978-90-481-9766-8-5

Webb, M. E. (2002). Pedagogical reasoning: Issues and solutions for the teaching and learning of ict in secondary schools. *Education and Information Technologies, 7* (3), 237–255. https://doi.org/10.1023/A:1020811614282

Weiland, T., Nager, N., Orrill, C. & Burke, J. (2015). Analyzing coherence of teachers' knowledge relating fractions and ratios. In (S. Paper presented at the 37th meeting of the PME-NA).

Wittmann, E. C. (1998). Standard number representations in the teaching of arithmetic. *Journal für Mathematik-Didaktik, 19* (2–3), 149–178.

Zangori, L., Forbes, C. T. & Biggers, M. (2013). Fostering student sense making in elementary science learning environments: Elementary teachers' use of science curriculum materials to promote explanation construction. *Journal of Research in Science Teaching, 50* (8), 989–1017. https://doi.org/10.1002/tea.21104

GPSR Compliance

The European Union's (EU) General Product Safety Regulation (GPSR) is a set of rules that requires consumer products to be safe and our obligations to ensure this.

If you have any concerns about our products, you can contact us on ProductSafety@springernature.com

In case Publisher is established outside the EU, the EU authorized representative is:

Springer Nature Customer Service Center GmbH
Europaplatz 3
69115 Heidelberg, Germany

Batch number: 10823827

Printed by Printforce, the Netherlands